Gadamer for Architects

건축가를 위한 가다머

20세기의 기념적인 독일철학자인 한스-게오르크 가다머의 작업을 간명하고 이해하기 쉽게 소개하는 이 책은 가다머의 철학에서 건축가와 건축교육자, 건축이론가들에게 가장 영향력 있었던 측면들에 초점을 맞춘다.

가다머의 예술철학은 예술창작에서 일어나는 "놀이" 활동에 특별한 지위를 부여한다. 예술의 의미와 상징에 관한 가다머의 사유는 그의 스승인 마르틴 하이데거를 원용하면서도 하이데거 사상을 새로운 방향으로 전개시킨다. "철학적 해석학"이라 불리는 그의 해석학 이론은 과거가 현재에 미치는 영향을 이해하고 문화사를 전례 없이 새로운 형태로 전유하는 심오한 방법을 제공한다.

건축가와 건축이론가, 건축역사가, 그리고 건축분야의 학생들에게 가다머의 사상은 오늘날 '짓기(building)'로서 건축이 어떻게 인간적 의미로 풍부해질 수 있는가를 이해할 가능성의 세계를 열어주며, 역사를 단순히 거듭하지도 거부하지도 않는 방식으로 건축의 역사에 관여한다.

더욱이 가다머의 사상은 실천적 사고의 중요성, 즉 실천에서 이론이 떠오르는 방식에 민감한 만큼 일상적인 실무 작업에 대단히 유용하다.

폴 키더는 미국 시애틀대학교에서 윤리학과 도시생활, 예술철학에 대해 강의해온 철학교수다.

건축과 철학 / 건축가를 위한 사상가 Thinkers for Architects

건축가는 디자인 영감을 얻기 위하여 배움 이상의 무엇인가를 얻기 위하여 혹은 실제 유용한 비판적 체계를 연구하는데 철학자와 이론가들에 주목해 왔다. 이 독창적인 시리즈는 건축에 관하여 저술하였거나 건축 디자이너를 위한 통찰력을 제시한 작업들을 개진한 중요 사상가들에 대하여 매우 지적이고 분명한 안내와 지침들을 제공한다.

'위협적이지 않고 얇은 책은 철학적 주제의 복잡한 이론들을 쉽게 설명한다.'

— *Building Design*

'... 어떠한 스튜디오나 컴퓨터 렙에도 비치될만한 가치 있는 책.'

—*Architectural Record*

'... 매우 유익한 방식으로 철학자들의 주제를 설명해 줄 믿을만한 책'

—*Architectural Review*

건축가를 위한 들뢰즈와 가타리 Deleuze and Guattari for Architects
Andrew Ballantyne 지음. 장정제, 송규만 옮김

건축가를 위한 하이데거 Heidegger for Architects
Adam Sharr 지음. 이경창 옮김

건축가를 위한 이리가라이 Irigaray for Architects
Peg Rawes 지음. 국현아, 박보라, 장정제 옮김

건축가를 위한 바바 Bhabha for Architects
Felipe Hernández 지음. 이종건 옮김

건축가를 위한 데리다 Derride for Architects
Richard Coyne 지음. 임기택 옮김

건축가를 위한 벤야민 Benjamin for Architects
Brian Elliott 지음. 이경창 옮김

건축가를 위한 푸코 Michel Foucault for Architects
Gordana Fontana Giusti 지음. 장정제 옮김

건축가를 위한 가다머 Gadamer for Architects
Paul Kidder 지음. 조순익 옮김

Gadamer for Architects

건축가를 위한 가다머

Paul Kidder 지음
조순익 옮김

Spacetime

역자 소개

조순익

옮긴이는 연세대학교에서 건축을 전공하고 전문번역가로 활동해왔다. 번역서로는 『현대성의 위기와 건축의 파노라마』, 『건축의 욕망』, 『건축과 내러티브』, 『현대 건축 분석』, 『디자인과 건축에서의 디지털 제조』, 『디자인의 역사』(공역), 『플레이스/서울』(공역) 등이 있으며, 계간지 『건축평단』에 〈조순익의 매개서평〉을 기고하고 있다.

건축가를 위한 가다머

Paul Kidder **저 / 조순익 옮김**
1판 발행 2015년 10월 15일 발행

발행인 | **김기현**
발행처 | **시공문화사 · *Spacetime***
등　록 | 1993년 3월 12일
주　소 | **서울시 서대문구 독립문공원길 13 극동프라자 5층**
전　화 | 02) 3147-1212, 2323
전　송 | 02) 3147-2626
ISBN 978-89-5592-333-9
http://www.spacetime.co.kr
spacetime@korea.com

정가 9,800원

차 례

역자 서문

한스-게오르크 가다머(1900-2002)는 현대 해석학을 대표하는 사상가로서 20세기 사상사의 가장 영향력 있는 인물 중 한 명이지만, 그의 주저인 『진리와 방법(Truth and Method)』(1960)은 국내에 뒤늦게 번역되어 나왔다. 원서가 나온 지 40년이 지난 2000년에야 네 분의 공역으로 제1부만 먼저 출판된 데다 제2부와 제3부는 10여년이 지난 2012년에야 번역 출판되었으니, 그간 국내에서 가다머에 대한 이해가 얼마나 더디게 진행되어왔을까를 충분히 짐작하고도 남는다. 참고로 본 역자는 참고할만한 2차 문헌을 찾아보던 중 헌책방에서도 가다머 관련 문헌은 많은 발품을 팔아야 겨우 구할 수 있는 희귀 품목임을 알게 되었다. 물론 주로 참고한 것은 문학동네에서 두 권으로 정리하여 2012년에 출판한 『진리와 방법』 제1 · 2권과 가다머의 다른 영역본들이지만 말이다. 어쨌거나 그런 이해의 과정 끝에, 이제야 폴 키더의 이 작은 해설서를 번역하여 내놓게 되었다. 폴 키더는 미국 시애틀대학교의 철학교수이자 가다머를 연구하는 인문학자로서, '해석학적 마인드의 건축가' 란 어떤 사람인지를 알기 쉽게 설명한다. 그리고 결론적으로 "건축은 인문학에 가깝기 때문에, 인문학 자체가 위기에 처하는 만큼 위기에 처한다"고 말한다. 건축의 위기보다 인문학의 위기가 먼저 있으며, 건축의 위기는 인문학의 위기에 제대로 대응하지 못할 때 함께 발생한다는 얘기다. 그렇다면 인문학이 위기에 처할 때, 건축은 무엇을 해야 할까? 달리 말해 '건축은 인문학의 위기에 어떻게 응답해야 하는가?' 이 책은 바로 이러한 물음에 대한 존재론적 응답이라고 할 수 있다. 그리고 그런 물음과 응답은 가다머의 사상과 건축의 존재론적 연관을 탐구하는 '해석'의 형식으로 나타난다.

그렇다면 해석이란 무엇일까? 우리는 일상에서 해석이란 말을 자주 쓰지만, 그것이 철학적으로 혹은 존재론적으로 어떤 의미를 갖는지에 대해서는 깊이 생각하지 않는다. 해석의 과정에는 '해석자'와 그가 해석하려는 '텍스트'가 존재한다. 건축의 경우, 해석자는 건축가이고 텍스트는 그가 해석하려는 어떤 역사적 현실과 문화적 프로그램의 '짜임새'일 수 있다. 물론 건축물 자체도 하나의 텍스트이고, 그것을 해석하는 또 다른 해석자도 존재한다. 예컨대 이 책의 저자는 건축과 가다머를 텍스트로 하는 해석자라고 할 수 있다. 번역의 경우, 해석자는 물론 번역가이고 텍스트는 저자의 글이다. 그리고 번역가의 글 또한 하나의 텍스트를 생산한다. 그리고 그 텍스트의 해석자는 다름 아닌 독자다. 독자의 해석은 서평의 형태로 나타날 수 있다. 독자가 건축가라면, 그 해석의 결과는 다시 건축이라는 텍스트를 낳을 수 있다. 이렇게 보면, 해석은 해석자들 사이에서 텍스트의 의미가 무한히 순환하며 확장하는 생산의 과정이다.

> "텍스트의 번역이라는 것은 결코 원저자의 본래 마음속에서 벌어졌던 사건을 단지 그대로 재생시키는 것이 아니라, 텍스트의 서술 내용에 대한 이해를 통해 텍스트를 재창조하는 것이다. 번역은 단지 저자의 생각을 그대로 따라가는 과정이 아니라 독자적 해석이라는 것은 의문의 여지가 없다."
> – 한스-게오르크 가다머, 『진리와 방법』 제2권(임홍배 옮김, 문학동네, 2012) 304쪽.

본 역자가 이런 가다머의 말에 부합하는 번역을 잘 해냈으리라고는 물론 장담하지 못한다. 하지만 적어도 그의 이러한 생각에 적극 동의하며 번역했음을 말해두고 싶다. 게다가 기존의 『진리와 방법』 국역본을 참고하긴 했지만, 해당 번역자들이 채택한 번역어를 그대로 따르기엔 무리가 있어 본 역자 나름의 번역어를 채택했음을 밝혀둔다. 예를 들어, 『진리와 방법』 제1권(이길우 · 이선관 · 임호일 · 한동원 옮김, 문학동네, 2012)에서는 presentation(독일어로 Darstellung)과 representation(독일어로 Vorstellung)의 번역이 기본적으로 일관되지 않다는 문제가 있다. 대개 presentation은 '표현'으로, representation은 '대표'로 번역하거나 '표현'으로 뭉뚱그려 가다머가 말하려던 문장의 의미를 오해시키는 측면이 있으며, 특히 representation을 '대표'로 번역하는 것은 예술이나 건축 관련 번역에 어울리지 않는다. 따라서 본 역서에서는 presentation을 '표현'으로, representation을 '재현'으로 번역하였다. (2장의 "말 없는 이미지와 체화되는 말" 부분을 참조.) 한편 가다머가 건축을 얘기할 때 사용하는 Dekorativ(영어로 decorative)라는 말은 『진리와 방법』 제1권에서 '장식적'으로 번역되었으나, 이 책에서는 그 말이 비트루비우스의 'decorum'이란 말에 근거함을 말하는 만큼 '어울리는'으로, 혹은 독일어 발음을 따라 '데코라티프'로 번역하였다. (2장의 "건축의 '어울리는' 성격" 부분을 참조.) 이 책에서 '균형'이나 '적정 수준'으로도 번안되는 '어울림'의 의미는 가다머의 해석학을 이해할 때 특히 중요하다. 그의 해석학은 물음과 응답이 꼬리에 꼬리를 물고 이어지는 무한한 변증법적 '대화'의 과정이며, 대화는 곧 자기와 상대의 입장 차이 속에서 공통의 이해에 도달하는 문제이기 때문이다.

이러한 대화의 의미는 가다머가 스승인 하이데거나 동시대의 다른 사상가들, 예컨대 하버마스나 데리다 등과 교류하던 과정에서도 잘 드러난다. (4장과 6장을 참조.) 그 대화의 의미는 서로 영향을 주고받으면서도 각자의 차이를 보존하고, 그것이 무한한 창조적 순환을 낳는 데에 있다 할 수 있을 것이다. 이러한 해석학적 순환은 '나와 너'의 공시적 문제를 넘어, '지금-여기와 역사'의 통시적 문제에도 적용된다. (3장과 5장 참조.) 그런 의미에서 이 책 역시 인문학과 건축이 대화를 나누는 학제적 과정을 넘어, 과거의 저자와 현재의 독자가 대화를 나누는 역사적 과정의 일환이고, 역자는 그 사이의 매개자로서 참여했다. 저자와의 대화와 독자와의 대화라는 이중의 대화를 수행해야 하는 입장에서, 본 역자가 해석자의 역할을 충실히 하지 못했을까봐 걱정이다. 여기서 해석자의 역할이란 텍스트의 의미를 충실히 재현하기 위해 독자의 콘텍스트 앞에 그 의미를 효과적으로 표현하는 것일 텐데 말이다. 되도록 문장만으로 효과적인 표현을 하고자 했지만, 필요한 경우 각주(별표 표시)를 달아 설명을 추가해두었다. 역자는 이러한 해석의 성공 여부를 이제 독자(讀者)의 독자(獨自)적인 해석에 맡겨야한다. 아무쪼록 이 작은 책이 건축가의 입장에서 가다머를 이해하는 발판을 제공하고, 갈수록 우리사회에서 약해져가는 듯한 '대화'의 의미를 열어 밝히는 데 일조하길 바란다.

- 2015. 8. 24. 조순익.

시리즈 편집자의 머리글

아담 샤 Adam Sharr

건축가들은 설계 아이디어를 위해, 혹은 실무를 위한 비판적 틀을 찾으려고 종종 철학과 이론의 사상가들에게 기대어왔다. 그러나 건축가와 건축학도에게 사상가의 글을 읽기란 고통일 수 있다. 맥락을 거의 모르고 원본 텍스트에 접근하면 무척 막막할 수 있으며, 기존의 입문서들은 건축적인 내용을 자세히 다루는 일이 거의 없다. 이 전례 없는 시리즈는 건축에 관해 글을 쓴 핵심 사상가들을 명쾌하고, 빠르고, 정확하게 소개한다. 각각의 책은 한 사람의 사상가가 건축가들에게 마땅히 제공하고 있는 것을 요약한다. 사상가들의 저술에서 건축적 사유를 중심에 두고, 중요한 책과 에세이를 소개하며, 용어들을 풀이해줄 뿐만 아니라, 더 읽을거리 또한 참고삼아 간략하게 제공한다. 이 시리즈는 건축에 관한 철학적이고 이론적인 글들이 어렵다고 느끼거나 어디서부터 시작해야할지 모르는 독자에게 필수적일 것이다.

〈건축가를 위한 사상가〉 시리즈의 책들은 건축에서 출발하며, 건축 관련 독자들에게 사상가를 소개하기 위해 건축적인 이해방식을 추구한다. 모든 사상가에게는 저마다 독특하고 분명한 기풍이 있으므로, 각각의 책은 그런 성격에 초점을 두는 구조로 이루어진다. 탐구되는 사상가들은 엄청난 작가들이어서 짧은 소개로는 그들의 작품 중 일부만을 다룰 수 있을 뿐이다. 건축가나 건축비평가로 이루어진 각 책의 저자는 그들이 판단하기에 건축의 설계자와 해석자에게 가장 의의가 있는 사상가의 저술들을 선별하는 데 초점을 맞췄다. 많은 부분은 불가피하게 생략될 것이다. 이 시리즈는 건축가를 위해 특정 사상가를 다루는 결어가 아니라 최초의 준거점이 될 것이다. 이 시리즈를 통해 독자가 더 많이 독서하고, 특정 사상가의 원문에 더 깊이 천착하는 동기를 부여받길 바란다.

〈건축가를 위한 사상가 시리즈〉는 아주 성공적인 결과를 보이며 이제 여덟 권으로 늘어났고, 건축설계자와 비평가, 논평자에게 독특하고 중요한 방식으로 영향력 있는 글을 써온 낯익은 문화 인물들을 다룬다. 이 시리즈는 현재 질 들뢰즈와 펠릭스 가타리, 마르틴 하이데거, 뤼스 이리가라이, 호미 바바, 피에르 부르디외, 발터 벤야민, 자크 데리다, 미셸 푸코, 한스-게오르크 가다머의 저술을 다루고, 모리스 메를로-퐁티와 장 보드리야르를 비롯한 수많은 책들을 기획 중에 있다. 이 시리즈는 계속해서 늘고 있으며, 건축가들에게 할 말이 있는 현대 사상가들을 점점 더 풍부하고 다양하게 다룰 것이다.

아담 샤(Adam Sharr)는 뉴캐슬어폰타인대학교(University of Newcastle-upon-Tyne)의 건축학교수이자 아담 샤 아키텍츠의 대표이며, 캠브리지대학교 출판사의 국제 건축 저널 『건축연구계간(Architecture Research Quarterly)』의 편집을 리처드 웨스턴과 함께 맡고 있다. 저서 중에는 『건축가를 위한 하이데거』가 있다.

감사의 글

본서의 기획 아이디어는 2011년 보스턴대학교에서 열렸던 '건축+철학' 컨퍼런스에 참석하면서 시작되었다. 이 책에 나오는 개념들을 공론화하며 발전시킬 기회를 준 브라이언 노우드와 엘리자베스 로빈슨, 대니얼 달스트롬을 비롯한 모든 컨퍼런스 기획자 분들께 감사를 전한다. 시리즈 편집자인 아담 샤와 더불어 이 책의 출판기획에 매 단계마다 용기를 실어준 로라 윌리엄슨, 조지나 존슨, 프란체스카 포드 등 모든 루틀리지 편집자와 검토자 분들에게도 감사를 전한다. 지난 수년간 건축이나 해석학, 혹은 두 분야 모두에서 나의 관심을 자극하거나 응원하거나 가르침을 주거나 몰입할 수 있게 해준, 리처드 코브-스티븐스와 찰스 로렌스, 프레데릭 로렌스, 토마스 맥파틀랜드, 윌리엄 리처드슨 형제와 제임스 리서를 비롯한 많은 스승과 동료, 친구 분들께도 고마움을 전한다. 고(故) 조셉 플래너건 형제가 나에게 건축철학을 연구해보라 한 게 오래 전이었는데, 이 책은 그러한 그의 권고가 낳은 산물이다. 물론 이 책은 당시 생각의 바다에 빠진 한 젊은 학생의 많은 질문들을 가다머 교수가 끈기 있게 인내해줬기에 이루어진 산물이기도 하다. 나의 성년기 대부분에 걸쳐 철학과 시와 예술에 관해 대화하며 주된 지적 자극을 준 글렌 휴즈에게는 가슴 깊이 고마워하고 있다. 이 책의 출판은 시애틀대학교 예술과학대학의 교수능력계발프로그램과 예술과학대학장 월러스 로와 데이비드 파워스, 철학대학과 철학대학장 버트 홉킨스의 지원과 더불어 가족의 응원이 있어 가능했다. 또 한 명의 가다머 학자이자 내 모든 인생의 동반자인 폴레트 키더에게, 감사한 맘으로 이 책을 바친다.

삽화출처

니아블(Niarbyl)에 있는 오두막집, 맨섬(Isle of Man) 필 근처 (사진: David J. Radcliffe).

프랭크 게리의 디즈니 콘서트홀, 로스앤젤레스 (사진: Paul Kidder).

프랭크 게리의 레이 앤 마리아 스타타 센터, 매사추세츠 캠브리지 매사추세츠공과대학 (사진: Paul Kidder).

아돌프 로스의 "로스하우스", 빈 미하엘 광장 (사진: Andreas Praefcke).

H. H. 리처드슨이 설계한 삼위일체 교회와 헨리 N. 코브가 I. M. 페이 건축사무소를 대신하여 설계한 존 핸콕 타워, 보스턴 (사진: Paul Kidder).

마이클 그레이브스의 포틀랜드 빌딩, 오레곤 포틀랜드 (사진: Paul Kidder).

스티븐 홀의 성 이냐시오 교회, 시애틀 (사진: Paul Kidder).

노스 엔드, 보스턴 (사진: Paul Kidder).

루럴 스튜디오, 브라이언트 "건초" 주택, 메이슨스 벤드, 앨라배마 헤일 카운티 (사진: Kirby Davis).

Chapter 1

들어가며

한스-게오르크 가다머는 20세기의 가장 특출한 유럽사상가 중 한 명이다. 그의 철학은 무엇보다 사람들이 세계와 타자(他者)를 이해하려 할 때, 텍스트와 여타의 의미에 대한 표현들을 해석할 때, 예술이나 자연을 흥미롭고 즐겁고 의미 있게 경험할 때마다 일어나는 가장 일반적인 경험과 사유의 패턴들을 발견하는 데에 매진했다. 가다머는 이러한 모든 경험 형태를 관통한다고 보이는 패턴이 "해석학적(hermeneutic)" 이라며 자신의 철학을 "철학적 해석학(philosophical hermeneutics)" 이라 일컬었는데, 오늘날 많은 연구 분야에서 각종 주제에 대한 "해석학적" 접근을 취하는 이론가들은 대부분 이러한 그의 영향을 나타내고 있다.

가다머는 특별히 건축을 주제로 많은 글을 쓰진 않았지만 예술과 미학에 대해서는 자신의 철학적 기획에 중심을 이루는 방대한 저술을 했기 때문에, 이러한 그의 사유가 수십 년간 다양한 건축가와 건축 이론가 들에게 영향력을 구가해왔다. 일부 건축 기획에서는 해석학적 접근을 통해 건축적 사유와 경험의 해석학적 패턴을 발견한다. 건축가의 창작 활동과 그러한 창작에 대한 미적 감상, 건축가가 건축의 전통과 건축 문헌을 이해하는 방식에서 이러한 해석학적 패턴을 찾아볼 수 있을 것이며, 그러한 건축적 기획에 협력하는 모든 당사자들, 즉 의뢰인과 공동체, 개발업자, 공무원, 설계자 등이 서로를 이해하며 협업하는 방식에서도 이러한 패턴을 찾아볼 수 있을 것이다. 가다머의 관점에서 중요한 것은 그러한 모든 경우에 해석학적 패턴이 불가피하게 작동한다는 점이다. 즉, 이 패턴은 우리의 의도와 상관없이 일어난다. 하지만 해석학적 패턴이 작동함을 깨닫고 인식한다면, 우리는 그러한 패턴이 열어주는 길을 의식적이고 의도적으로 밟아갈 수 있을 것이다.

해석학과 변증적 해석학

"해석학"을 뜻하는 hermeneutics의 어원은 해석(interpretation) 활동을 가리키는 고대어에서 비롯했다. 플라톤과 아리스토텔레스의 철학 및 고대 수사학자들의 저술에서는 이미 사람들이 서로를 어떻게 이해하고 오해하는가에 대한 물음이 있었고, 대화로 답해줄 저자가 없는 상황에서 글로만 쓰인 말들을 어떻게 해석할 수 있을까에 대한 물음이 있었다. 18세기와 19세기의 유럽에서 "해석학"은 법학과 신학, 근대 수사학의 중요한 하위영역이 되었다. 이런 분야의 이론가들은 과거에 쓰인 텍스트를 당대 상황에 적용하는 방법을 결정할 엄격한 기준과 기법의 개발에 힘썼다. 예를 들어 경전과 법전은 상황이 매우 다른 옛 시대에 제정되었을 텐데도 오늘날의 독자들에게 삶의 기준이 되기를 의도한다. 이런 문서들은 역사적 관심의 대상에 그치지 않고 독자들에게 실천적 요구를 행사하는 것이다. 따라서 이런 분야의 해석학 연구는 언제나 텍스트의 이해에 그치지 않고 실천적 결정과 행위를 결합한다(Gadamer 1990b, 324-34).

가다머는 이렇게 지적인 이해와 실천적 적용을 결합하는 전통적 해석학의 특성이 어떤 텍스트의 해석에도 작동하며, 실제로 다른 사람이나 문화의 사상과 신념을 이해하려는 모든 경우에 작동한다고 주장한다. 그는 해석적 이해의 차원이 보편적이라고(1976, 3-17) 주장하는 것이다. 건축은 텍스트처럼 언제나 어느 정도 문화적 의미의 담지자로서 기능한다. 달리보르 베셀리(Dalibor Vesely)는 이에 대해 다음처럼 극적으로 얘기한 바 있다. "책과 문자해독력의 관계는 건축과 문화 전체의 관계와 같다"(Vesely 2004, 8). 어떤 건축 작품을 해석할 때마다 일어나는 불가피한 이해의 패턴이 존재한다면, 건축가는 그런 패턴의 전개 방식을 감지해야 하지 않을까? 건축 자체가 어떤 문화를 해석한다면, 그러한 건축의 해석 패턴을 살펴보는 게 건축가에게 유익하지 않을까? 과거의 건물이 과거의 책처럼 현재에도 지속적인 시의성을 띤다면, 건축가는 그러한 시의성을 얻게 해주는 패턴을 숙고해야 하지 않을까? 텍스트 연구에서나 건축에서나, **해석학은 해석과 이해와 문화적 의사소통에 대한 사고방식을 근본적으로 바꿀 가능성이 있다.**

가다머가 명료하게 논구하려는 해석 패턴은 "해석학적 순환(hermeneutic circle)"이라고 불려왔다. 이 개념은 가다머가 창안한 게 아니다. 텍스트의 해석이 순환적으로 이뤄져야 한다는 의미는 (가다머가 낭만주의 해석학이라 부르는) 19세기 해석학에 이미 있었다. 이러한 순환은 종종 부분과 전체의 관계로 요약된다. 즉 어떤 책 전체를 이해하려면 개별 단어와 문장을 파악할 필요가 있지만, 그런 단어와 문장은 책의 더 큰 맥락 속에서만 의미를 갖는다. 따라서 해석은 개별 부분들을 파악하여 전체의 의미를 수정하고 전체의 의미를 파악하며 부분들의 의미를 수정하는, 끊임없는 수정 작업이어야 한다. 그러므로 해석학적 순환은 악순환이 아니라 차곡차곡 생산을 누적하는 순환이다(1988, 68-78; 1990b, 190-91).

이런 경우, 해석학적 순환은 또 하나의 더욱 미묘한 측면에서도 작동한다. 철학자이자 신학자였던 아우구스티누스(354-430)는 성서연구 방법을 설명하면서 상대적으로 더 명확한 구절을 먼저 해석한 다음 그러한 명확한 구절을 기준으로 어렵고 모호한 구절을 이해하라고 권고했다(Augustine 1958, 42-3). 하지만 낭만주의 해석학자들은, 어떤 구절이 독자에게 분명하게 느껴지는 효과는 구절 자체의 명료함보다도 독자가 텍스트에 부여하는 가정이 더 중요한 영향을 미쳐서일 수 있음을 깨달았다. 게다가 구절의 분명성은 그렇지 않은 경우보다 기초적인 가정에 대한 의문을 줄일 수도 있다. 따라서 이런 관점에서 보면, 해석학적 순환은 일단 가정을 세운 뒤 텍스트의 이해가 깊어질수록 그러한 가정을 수정하는 방향으로 진행해야 한다.

결국, 최초의 모든 분명한 독해들은 순진함과 편견에서 나온 오해로 볼 수 있다는 것이다(Gadamer 1990b, 179-80; Schleiermacher, 1998).

가다머의 주요 철학서는 『진리와 방법(Truth and Method)』이란 제목을 달고 있다. 이 제목의 첫 번째 단어는 진리의 추구가 언제나 해석학적 패턴을 수반한다는 의미를 내포한다. 가다머의 이러한 어법에는 플라톤을 반영하려는 의도가 담겨있다. 플라톤은 소크라테스의 일반적인 문답 형식을 "변증법(dialectic)"이라 일컫는데, 이는 상식적인 가정들을 문제시하고, 용어를 일관되게 정의하고자 노력하며, 설명적 가설들을 고려하여 논거를 정식화하고, 반론에 대해 재반론하거나 반론을 반영하여 자신의 이론을 수정하는 걸 말한다. 변증법은 자연이나 도덕, 정치, 종교, 예술 등 어떤 질문이나 화두에 대해서도 수행할 수 있다. 변증법은 친구들 간의 호의적인 토론에서 시도해볼 수도 있고, 개인만의 반성적 사유로써 실천할 수도 있다(Gadamer 1980, 93-123; 1990b, 362-9). 가다머는 일반적으로 플라톤의 변증법과 같은 종류의 해석학적 패턴을 옹호했다. 이러한 의미에서 가다머는 '해석학' 을 의미하는 "hermeneutics"란 영어단어에서 끝의 "s" 자를 뺌으로써, "hermeneutic"이 변증법(dialectic)과 같은 포괄성과 일반성을 띠며 변증법과 함께 진행되는 것임을 보여주고자 했다.

반면에 "방법(method)"이란 말은 해석학이나 변증법보다 뭔가 더욱 근대적이고 협소한 범주에 속한다. 오늘날 흔히 사용되는 "방법" 개념은 사상가들이 합리성을 자연과학의 탐구기법들과 결부 지으려던 18세기 계몽주의 시대의 산물이다. 이런 식의 "방법"은 물어야할 질문거리를 제한하고, 따져야할 증거의 범위를 제한하며, 따라야할 경험적 절차를 엄격하게 설정한다. 예를 들어 당구공들이 서로 어떤 작용을 주고받는지를 논하는 뉴턴 식의 방법은 육안으로 관찰 가능한 개별 공들의 상호작용을 증거로 하여, 공의 연쇄적인 움직임을 일으키는 물리력의 문제로 논의를 제한할 것이다. 논의의 절차는 하나의 공이 다른 공에 가하는 충격을 한 종류로 일원화하여 계산할 실험들을 수반하게 될 테지만, 당구 채를 다루는 사람들의 타법에 영향을 미치는 개인적 흥미라든가 그들이 어떤 게임을 벌이느냐는 논의하지 않는다. 공의 움직임이나 게임의 가치가 갖는 궁극적 의미를 따지지 않는 것이다.

이렇게 협소화된 탐구 형식은 제한된 범위의 자연과학적 질문들 속에서 막대한 가치를 지닌다. 그러나 문제는 계몽주의 문화가 이런 종류의 합리성을 최상의 형식으로 띄우기 시작하면서 다른 모든 형식의 합리성을 격하시켰다는 데에 있다. 계몽주의 이후 수백 년간 점점 더 많은 수의 학문(discipline)들이 "과학적(scientific)" 학문을 추구해왔기 때문에, 자연과학적 합리성을 유일하게 정당한 합리성의 형식으로 공언하는 경우를 흔히 보게 된다. 이에 맞서 가다머는 합리성의 이상을 그렇게 좁혀버리는 모든 태도에 저항한다. 인류역사에서는 대부분 예술과 인문학이 우리의 교양을 만들고 우리의 윤리와 법과 정부 제도를 정당화하는 합리성의 핵심 형식들을 키워낸다는 믿음이 있었다. 그런 합리성의 형식들을 폄하하거나 잃어버리게 되면 인간성이 사라진 사회가 될 위험을 초래하게 된다. 바로 이런 이유로, 철학적 해석학은 합리성과 그것의 사용에 관한 더욱 일반적이고 광의적인 개념을 현대적인 방식으로 복원하려고 한다. **가다머의 책 제목은 진리의 추구가 방법 개념과 어느 정도 긴장 관계를 형성한다는 뜻을 담고 있다**(1984c, 151-69; 1990b, 3-9).

철학적 해석학과 건축의 목적

베셀리는 책과 문자해독력의 관계가 건축과 문화의 관계와 같다고 말한다. 이러한 건축의 문화적 의미야말로 많은 학생들을 건축으로 끌어들이는 요인이다. 학생들은 건축이 단순히 흥미롭거나 즐길만한 무언가가 아니라 삶에 중요한 것임을 안다. 건축은 자체적인 방식으로 공동체를 풍요롭게 하고 공동체의 의미를 표현하는 데 기여할 수 있다. 이러한 의미적 차원 때문에 건축은 철학과 친밀한 분야가 된다. 하지만 그렇다고 꼭 철학과 학생이나 건축과 학생이 되어야만 건축이 심오한 인간적 의미를 담아낸다는 걸 웬만큼 이해할 수 있는 건 아니다. 수없이 많은 여행자들이 매년 비행기를 타고 세계의 위대한 건물과 정원과 도시를 방문하여 경외감을 느낀다. 궁전과 신전과 피라미드를 방문하는 이들은 그저 예술작품을 마주하고 있는 게 아니라 어떤 사람들의 가장 깊은 문화적 열망이 표현되어 있음을 느낀다. 위대한 건축 작품들은 많은 종류의 의미와 목적을 단일한 창조물 속에, 기막히게 총체적으로 융합한다.

하지만 어떻게 건축이 이런 성취를 할 수 있을까? 그리고 어떻게 건축은 양식과 기법과 재료의 역사적 변화 속에서도 지속적으로 그런 성취를 해내는 것일까? 이런 질문은 건축에 관한 일단의 복잡한 이슈를 제기한다. 이런 이슈에 접근하기 위해, 전형적인 네 가지의 기본 난제를 간략히 살펴보기로 하자. 첫째, 건축은 기능적이어야 하지만 그렇다고 기능성으로만 환원되어서도 안 된다. 주방용품은 "놀랍다(wonderful)"고, 심지어는 "실용성과 디자인의 완벽한 조합"이라고도 불릴 수 있지만, 건물은 설령 그것이 "주거를 위한 기계"를 표방한다 할지라도 주방용품 같은 놀라움만 전해준다면 실망스러워진다. 건물은 그 이상의 의미를 전해야 한다. 그렇다고 해서 건물이 기념비적이거나 공공연히 뭔가를 재현해야 한다는 게 아니다. 하나의 소박한 구조물이 고도의 의사소통을 할 수가 있고, 하나의 추상 양식이 풍부한 암시를 지닐 수도 있다. 하지만 건축가가 항상 부닥치는 숙제는 어떤 구조물을 의미 있게 만들거나 그것을 의미 있는 건물의 전통과 관련짓는 동시에 빠듯한 예산으로 현대적인 기능성의 기대를 충족시켜야 한다는 점이다.

둘째, 건축은 분명 예술이지만 문화적으로는 미학 이상의 의미를 수반한다. 대부분의 인류역사에서 이러한 건축의 특징은 꽤나 분명하게 나타났다. 돌을 우아하고 극적인 형상으로 만들어내는 고딕 아치의 아름다움은 지붕을 떠받치는 구조적 기능과 엮여있으며, 고딕 아치가 하늘을 향하면서 무거운 돌이 공기 중으로 흩어지는 것처럼 보이는 상징적 의미와도 엮여있다. 이 모든 특성들이 서로 철저하게 얽혀있지만, 수많은 건축역사가들(대표적으로 가다머와 친숙한 몇몇 작가들)은 바로크시대에 미적 차원을 구조적 토대와 분리시키는 경향이 시작된다고 본다. 작품의 아름다움과 그것이 감각을 즐겁게 하는 방식은 장식(ornament)과 연관성을 띠게 되고, 구조는 단지 장식을 위한 틀이 된다. 가다머의 『진리와 방법』 제1부에서는 이렇게 미적인 것이 장식으로 약화되는 의미가 어떻게 예술비평과 예술철학을 지배하게 되었는지를 설명해준다. 가다머가 보기에 이런 경향은 예술과 건축이 갖는 힘과 중요성의 의미가 약화되었음을 보여주는 것이다. 이 문제에 대해 카스텐 해리스와 알베르토 페레스-고메스는 마르틴 하이데거와 기타 유럽철학 전통에 있는 이들을 원용하면서 건축의 문화적 에토스(ethos) 구현능력이라는 관점에서 접근한다. 즉, 건축의 감각적 특질들을 미화할수록 이러한 "윤리적(ethical)" 기능을 충족할 능력을 해친다고 보는 것이다(Harries 1997; Perez-Gomez 2008, ch. 9; Sharr 2007, 101-3). 베셀리도 비슷한 맥락에서 건축적 재현이 기술적 토대와 분리될수록 현대 건축가들은 새로운 통합을 요하는 난제에 직면한다고 말한다(Vesely 2004, chs. 4 and 5; Sharr 2007, 103-4).

아돌프 로스와 발터 그로피우스, 미스 판 데어 로에, 르 코르뷔지에, 루이스 칸과 같은 인물들의 근대적 혁신은 표피적인 장식을 비난하고 새로운 재료와 공학원리의 가능성에서 철저히 근대적인 인간 공동체의 의미 있는 비전(vision)을 이끌어내면서 건축을 근본적으로 새롭게 재통합하려던 대담한 시도를 대표한다. 하지만 이러한 근대적 비전의 실현은 충분히 원활하게 이뤄지지 못하면서, 사회공학에 대한 비난과 역사적 보존의 요구, 다양한 "포스트" 모더니즘 형식의 출현을 비롯한 반동적 여파를 낳았다. **건축의 미적 차원이 다른 중요한 특질들과 충분히 성공적으로 재통합될 수 있는가의 문제는 여전히 상존한다고** 말하는 게 적절할 것이다.

세 번째 난제는 건축의 상징적 기능과 관련이 있다. 우리가 건축의 "의미"에 대해 말할 때, 혹은 이를테면 크리스티안 노르베르그-슐츠가 그의 고전적 연구인 『서양 건축의 의미(Meaning in Western Architecture)』(1975)에서 취한 접근법을 따를 경우, 그 "의미(meaning)"라는 단어는 기본적으로 건축 작품의 상징적 차원을 의도하는 것이다. 가장 원초적인 구조는 우세한 상징적 암시를 담아낼 수 있다. 거석(巨石, monolith)이나 환상열석(環狀列石, stone circle)은 가장 기본적인 건설기술을 활용할 수 있음에도, 별자리를 따라 나란히 배열되고 구조물을 마치 우주 전체와 연결하듯 여러 계절의 별자리를 따라 배치된다. 땅의 풍경 속에 정착지를 만든다는 것은 언제나 인간과 그러한 땅의 관계를 상징하는 것이기도 하다. 예를 들어 지역의 전통건축이 취하는 많은 형식들은 지역에서 나는 재료들로 지음으로써 환경과 하나가 되고 그렇게 지은 주거는 지형과 빛, 국지적인 기후패턴에 순응한다. 인간의 구축물은 땅의 풍경과 하나가 되면서도, 동시에 인간의 삶이 자연에서 독립하는 방식을 상징함으로써 그 풍경을 보완한다. 예를 들어 거석과 탑은 지면에서 위로 솟아 하늘을 향함으로써, 인간이 광물과 식물, 그리고 인간을 제외한 동물의 세계에서 독립하는 방식을 표명한다. 또 다른 간단한 사례를 들어보자면, 도시의 관문과 주택의 문턱은 다양한 공적 공간을 내부적인 공동체나 가족, 혹은 개인적 심리로부터 실용적이면서도 상징적인 방식으로 분리시킨다(Norberg-Schulz 1979; 1985 참조).

이런 식의 수많은 상징성을 얘기할 수 있겠지만, 여기에는 수많은 물음이 따라붙는다. 결국 이런 질문들이 가능할 것이다. 상징이 된

니아블(Niarbyl)에 있는 오두막집, 맨섬(Isle of Man) 필 근처

다는 것은 무슨 의미인가? 상징성은 어떻게 의미를 구현하는가? 상징성을 연구하는 많은 종류의 학자—심리학자, 철학자, 신학자, 인류학자, 역사학자—들 중에서 누가 건축의 상징을 가장 잘 설명해주는가? 상징성을 전달하는 건축 형식은 재현적이어야 할까? 상징적인 형식은 어떤 서사를 구성해야하는 것일까? 만약 그렇다면, 건축이 추상적일수록 상징성은 약해진다는 뜻인가? 그럼 상징성을 생각하지 않고 작업하는 건축가들은? 그들의 작업은 상징성에서 벗어나는가, 아니면 그들과 상관없이 상징을 하는가?

네 번째로, 지금껏 내가 말한 모든 특징—기능성, 예술성, 상징성—은 역사와 전통 속에서 형성된다. "전통적(traditional)" 인 건축 형식에서는 이러한 사실을 간단하게 표현할 수 있다. 즉, 건물의 해법과 양식적 취향이 전통의 유산으로서 보존되어 전승되었다고 말이다. 하지만 모더니즘은 과거의 제약들을 극복하겠다는 기획을 세웠고, 이는 현대적 양식이 과거의 양식과 어떻게 관계 맺어야 하느냐는 새로운 질문들을 제기했다. 모더니즘의 본질은 단순히 새 시대의 새로운 예술적 관습을 발명하는 것이 아니라, 끊임없이 혁신을 계속하는 것이다. '아방가르드(전위[前衛], avant garde)'는 계속해서 모든 걸 재발명할 것이고, 오늘날 가장 주목받는 건축가들은 (피카소가 으레 그랬듯이) 자신이 먼저 했던 창작들도 반복하길 거부하며 스스로를 계속해서 재발명해야 하는 압박을 받는다. 이와 동시에 역사에서 빠져나와 완전히 새로운 시대 혹은 새로운 인간성을 만들겠다는, 안타깝게도 순진한 관념을 고려하는 이들이 있다. **주장컨대 과거에는 우리를 압도하는 힘이, 우리가 의식적으로 과거를 압도하려는 능력보다 훨씬 더 깊은 힘이 있다. 그리고 우리의 기원들을 총체적으로 거부하는 것은 우리 스스로를 소외시키고 집 없는 떠돌이로 만드는 것이다.** 이것이 역사의 딜레마이며, 이러한 딜레마 속에서 모든 건축가는 어떤 입장을 취해야만 한다.

가다머의 해석학은 건축에 대한 이 네 가지 영역의 난제와 모두 연관된다. 경험적이고 기술적인 이성보다 더 폭넓은 합리성의 이상들을 회복하려는 그의 노력은 건축의 의미를 건축의 실용적 기능으로만 환원시키는 데 저항하려는 건축이론의 노력과 유사하다. 가다머가 『진리와 방법』 제1부에서 발전시키는 "놀이" 개념을 분명히 이해하려면, 예술 활동을 다른 의미 만들기의 형식들, 특히 진리 추구의 형식들과 통합하는 먼 길을 가야 한다. 가다머는 그의 수많은 저술들을 통해 비언어적 예술형식의 맥락에서 일어나는 상징성의 두드러진 본질에 주목한다. 결국 그의 철학은 역사와 전통이 현대 건축과 문화의 전개에서 행하는 역할의 문제에 크게 주목한다.

유럽사상의 맥락에서 가다머의 입장

가다머는 독일철학 전통에 속한 사상가였다. 그는 임마누엘 칸트와 G. W. F. 헤겔, 에드문트 후설, 마르틴 하이데거를 비롯한 위대한 사상가들의 유산을 물려받은 인물로 종종 묘사된다. 게다가 가다머는 독자들이 그러한 독일의 철학전통에 익숙하다는 가정 하에 글을 쓰는 편이다. 그는 늘 주장하기를 자신의 문체가 모범적인 독일어 문체이며 언제나 대화체의 특성을 반영하려 한다고 했다. 하지만 영어권 독자들의 입장에서는 훌륭한 번역본을 읽을 때조차도 이런 문체가 벅차게 느껴질 수 있다. 독일어 문체는 "장문"일 때가 많다. 말하자면 문장과 단락 속에 포함되는 구절과 삽입구가 단락의 전체 요점을 뒤늦게야 드러내는 방식으로 구성되는 것이다. 가다머의 이런 문체는 특히 독일 문학이나 철학에 익숙하지 않은 독자들을 당혹케 한다. 그럼에도 불구하고 수많은 비전문가들은 『진리와 방법』을 붙잡고 씨름해왔다. 다음에 이어지는 장들에서 나의 논의는 이 책의 핵심 요점들에 집중할 것이며, 왜 그런 어려운 문체에도 불구하고 비전문가들이 이 책의 가치를 느껴왔는지의 이유를 명확하고 쉬운 용어로 풀어보고자 한다. 또한 예술과 문화에 관한 가다머의 짧은 글들도 자주 인용할 것인데, 특히 로버트 버나스코니(Robert Bernasconi)가 『아름다운 것의 시의성(The Relevance of the Beautiful)』(1986c)이라는 제목의 영문선집에 모아놓은 글들을 인용할 것이다.

가다머를 이해하려면 그에게 문제의 틀을 잡아주고 사유의 방향을 인도한 사상가들을 어느 정도 파악할 필요가 있지만, 이에 못지않게 중요한 것은 가다머가 그를 가르치고 그에게 영감을 준 이들과 다른 입장에 선다는 점이다. 그는 결코 단순히 타인들을 추종하지 않았기 때문이다. <u>**가다머는 그의 가장 중요한 멘토들과도 비판적 대화를 통해 관계를 맺었다.**</u> 이러한 비판적 관계는 간과되기 쉬운 부분인데, 가다머는 성격이 온화해서 매우 첨예한 이견들조차 정중하고 예의바르며 때로는 유쾌한 용어들로 표현하는 습관이 있었기 때문이다.

가다머의 일생은 사실상 20세기 전반에 걸쳐있었다. 1900년에 독일 마르부르크에서 태어난 그는 브레슬라우에서 유년시절을 보냈다. 그의 아버지는 유능한 약학 교수였으나, 자기 아들이 인문학과 옛 고전에 매료되는 게 매우 못마땅했던 권위적인 가부장이었다 (Gadamer 1985, 1-5; Grondin 2003, chs. 2-4). 1919년에 아버지가 마르부르크대학교 교수로 임명되면서, 가다머도 이 대학교에 진학했다. 가다머는 고대 철학과 문학에 흥미를 느껴 위대한 플라톤 학자인 파울 프리트랜더(Paul Friedländer)와 함께 공부하게 되었다. 하지만 그는 이내 마르틴 하이데거의 아리스토텔레스 독해에 완전히 매료되면서, 일류사상가의 엄밀한 학식과 통찰을 인지하게 되었다. 1920년대에 하이데거의 학과조교로 일한 가다머는 1929년에 하이데거와 프리트랜더의 지도하에 교수자격논문을 썼다(Gadamer 1985, 7-10, 46-50; Grondin 2003, chs. 5-7). 하지만 1930년대에 하이데거는 나치당에 합류하기 시작했고, 이에 대해 가다머는 "그[하이데거]가 미쳐버렸다" (1992, 10)고 반응했다. 가다머는 제2차 세계대전이 한창이던 악몽 같은 시기에 라이프치히대학교에서 가르치며 학교의 순수성을 지키고자 노력하다가, 1946년 종전 이후 재개관한 이 대학의 총장으로 임명되었다. 1949년에는 하이델베르크대학교에서 교직을 맡았는데, 이 학교는 가다머의 이름과 가장 자주 연관되는 곳이다. 자신의 저작이 세계적으로 알려지면서 세계 곳곳에 자주 강연을 다니게 된 그는 미국 보스턴대학교에서도 방문교수로서 정규 강의를 제안 받았다(Grondin 2003, ch. 16).

가다머는 1930년대에 일반적으로 하이데거와 거리를 뒀지만, 하이데거의 "예술작품의 기원" 에 관한 유명 강의를 들었던 시점은 가다머 자신의 "예술과 역사" 강의 시점과 일치했다. "예술과 역사" 라는 강의는 『진리와 방법』에서 전개한 예술의 문제들에 대한 접근을 처음 발전시킨 실험적인 강의로 여겨진다(Gadamer 1997, 47). 가다머의 가장 중요한 저작 가운데 많은 경우는 예술과 시에 관한 하이데거 후기 사유의 영향을 보여준다. 비록 가다머가 많은 논문을 발표했고 1950년대 말에는 저명한 저널을 창간하기도 했지만, 그가 자기 사유세계를 구축한 중요한 철학자로서 인식되기 시작한 것은 1960

년에 『진리와 방법』이 출판되고서부터였다. 하지만 가다머는 이 저작을 미완성 프로젝트로 여겨 해석학에 관한 수많은 에세이들을 썼으며, 이러한 에세이들은 『진리와 방법』에 대한 일종의 속편으로서 선집으로 묶어 출판했다(1986a).

가다머는 종종 하이데거의 수제자로 묘사된다. 이러한 사실은 특히 본서에 중요한 의미가 있는데, 하이데거의 글들이 건축의 해석에 미친 영향이 크기 때문이다. 사실 해석학적 순환을 인간 실존의 연구에 적용하는 것은 하이데거의 생각이었다. 게다가 하이데거는 가다머가 해석학적 사유로써 예술작품의 진리 차원을 탐구하도록 영감을 주었다(Sharr 2007; Heidegger 1971). 하지만 가다머와 하이데거는 건축이란 주제를 비롯하여 여러 면에서 중요한 차이를 보인다. 따라서 내가 카스텐 해리스나 크리스티안 노르베르그 슐츠, 혹은 로버트 뮤저로이어와 같은 학자들의 통찰을 원용할 때, 독자는 이들이 하이데거에게 가장 직접적인 영향을 받은 이론가들로서 기본적으로 하이데거를 통해 가다머와 연관된다는 점에 주목해야 한다. 그런 이론가들을 언급할 때 나는 그들과 가다머의 유사점들을 조심스레 거론해볼 텐데, 가다머의 취향으로 따지자면 아마도 이 학자들이 하이데거를 좀 지나치게 따른다고 여겼을 법한 측면들을 살펴볼 것이다.

하이데거와 가다머는 모두 그들의 공통된 멘토였던 철학자 에드문트 후설의 "현상학적(phenomenological)" 철학과 밀접한 관련이 있었다. 후설은 인간 경험에 대한 자연과학적 접근의 편협함을 극복하고 자신이 "생활세계(life world)"라 부르는 것의 총체를 지향하는 철학을 발전시키고자 했고, 가다머는 이러한 후설의 시도를 높이 샀다. 따라서 가다머를 건축에 대한 "현상학적" 접근과 적절히 연관시킬 수가 있다. 하지만 여기서도 가다머는 현상학 운동에 후설과 매우 다른 개념을 도입하는 만큼, 그를 단순히 "현상학자"라고 부르기는 어렵다. 가다머의 주된 기여는 "철학적 해석학"이었기 때문에, 그의 접근은 때때로 "해석학적 현상학(hermeneutic phenomenology)"이라고도 불린다.

가다머는 거의 모든 페이지에서 플라톤과 아리스토텔레스의 철학적 영향을 반영하는 글을 쓰지만, 그렇다고 그를 통상적 의미의 "플라톤주의자"나 "아리스토텔레스주의자"로 부를 수는 없다. 가다머는 프리트랜더에게서 플라톤적 해석 방식을 배웠고, 플라톤의 『대화편(Dialogues)』을 이해하려면 그것이 담고 있는 연극적이고 문학적인 특성들을 무시해선 안 된다고 주장한다. 플라톤의 저작들은 기본적으로 문학적 표현으로 포장한 교리들의 집합이 아니라, 살아있는 대화 속에서 자연스럽게 전개되는 철학적 문답의 과정을 포착하려는 시도들이다(Grondin 2003, 120-21). 가다머가 플라톤의 저작들을 깊이 파고들 때 가장 중요한 부분은 플라톤의 저돌적인 질문들을 탐구하면서 그런 질문들을 플라톤의 스승이자 지칠 줄 모르는 질문자인 소크라테스의 정신 속에서 추구하는 것이다. 플라톤은 확실히 현실의 형식적이고 수학적인 구조들에 관심이 있었는데, 이런 관심이 종종 건축과 가장 관련이 깊은 플라톤적 요소로 꼽히곤 한다. 하지만 플라톤의 사상 속에 담긴 소크라테스의 정신은 이런 관심을 예술과 삶, 도덕, 종교에 관한 매우 광범위한 질문들과 통합하며, 이 모든 질문들이 건축과 동등한 관련이 있다. 가다머는 철학적 문답이 실생활(장인실무나 시민들의 정치생활 등)의 문제들과 관련된다는 소크라테스의 생각이 아리스토텔레스의 윤리학과 실천철학에 지속되고 있다고 본다(1984c, 88-123; 1990b, 312-24). 가다머의 사유는 이렇게 아리스토텔레스의 특성에서 영향을 받았기 때문에 건축 기획의 실천적 측면과 관련을 맺는다. **아리스토텔레스적 사유는 이따금 놀라운 방식으로 오늘날 실무자들의 협업을 이해하는 데 도움을 줄 수 있다.**

독일의 역사적 전통, 특히 G. W. F. 헤겔과 F. W. J. 셸링, 빌헬름 딜타이와 같은 인물들의 작업을 깊이 탐구한 가다머는 이런 전통의 도움으로 자신의 철학적 해석학에 중심이 되는 역사의 본성에 대한 질문들을 정식화할 수 있었다. 인류 역사에서 수많은 문화적 차이들을 발견하는 이때, 우리는 인간의 삶에 보편적인 진리들—예를 들어, 정의와 진리, 인간의 목적 등에 대한 보편적 기준들—이 있다고 말할 수 있을까? 헤겔에게는 이러한 물음에 한 종류의 대답이 있었다. 그는 개념들이 역사를 통해 발전하지만 이러한 역사적 전개에 하나의 논리가 있다고 믿은 것이다. 하지만 "역사주의" 학파의 사상가들은 역사 속의 보편들이라는 관념 자체를 덜 중요시했다. 아마도 가다머의 사상이 철학 분야에 기여했다고 가장 널리 알려진 부분은 역사의 본성과 역사서술에 관한 이 복잡한 입장들 사이에서 하나의 독특한 길을 밟으려는 노력일 것이다(1990b, 218-31). 가다머는 헤겔의 접근이 지나치게 시변적이고 역사주의적 접근은 현대인에게 과거가 어떤 유용성을 갖는지를 말해주지 못한다고 여기면서, 해석학을 통해 역사의 일반적이고 특수적인 차원들을 분류하는 여러 방식의 독특한 통찰을 제공한다.

역사의 발전에 하나의 논리가 있다는 헤겔의 생각을 거부하는 가다머의 관점은 키르케고르와 니체 같은 19세기 사상가들의 관점과 공명한다. 키르케고르는 인간의 실존에 논리란 있을 수 없다고 주장했고, 니체는 개념들을 통한 사고가 언제나 삶의 풍부함을 떨어뜨린다고 주장했다(Kierkegaard 1992, 118-25; Nietzsche 2006, 114-23, 456-85). 그런 주장들을 가다머가 자연과학적 세계관의 형식주의에 반대하게 되는 전조로 이해할 수도 있다. 하지만 가다머의 철학적 동기들은 키르케고르의 동기와는 매우 다르기도 하며, 니체가 개념적 사고를 거부한 것은 가다머가 보기에 너무 급진적이어서 철학 전통에 생산적으로 개입할 수 없게 만든다. 따라서 가다머는 니체의 사유보다 자신의 스승인 하이데거에 더 근접해 있었다. 그러나 많은 가다머 학자들은 가다머의 해석학이 니체를 중요하게 원용하는 후기구조주의 철학들, 특히 자크 데리다의 해체 철학과 양립 가능토록 하는 데 관심을 보여 왔다. 이런 이유로 (그리고 후기구조주의 사상이 지금껏 건축에 미친 영향이 상당하므로) 우리는 일부 후기구조주의 관념들이 철학적 해석학과 맺는 관계를 따져볼 필요가 있을 것이다.

본서의 구성

지금까지 1장에서는 가다머의 기본적인 철학 성향을 소개했는데, 그의 중심적인 철학 관념들을 세부화하고 건축의 세계와 연결하기 위한 나의 전략을 이해시키기 위해서였다. 2장에서는 가다머 미학에 매우 중심적이고 그만큼 건축에 대한 해석학적 접근에도 중심적인 "놀이" 개념에 집중할 것이다. 3장에서는 『진리와 방법』에서 가장 잘 알려져 있는 해석학적 자각과 역사적 이해에 관한 부분들을 다루는데, 건축과 과거의 관계를 묻는 관점에서 접근해볼 것이다. 4장에서는 해석학과 자연과학적 방법의 관계, 그리고 그런 방법이 인간문화 연구에 미친 영향에 대한 질문을 살펴본다. 이러한 이슈는 가다머가 그의 동시대 학자 위르겐 하버마스와 수십 년간 의견을 나눈 걸로 유명한 주제이거니와, 서양역사 속에서 건축의 기술적 기능과 예술적 기능이 어떻게 분리되어왔는지를 이해하려는 맥락에서 베셀리와 페레스-고메스 등이 택한 주제이기도 하다. 5장에서는 가다머의 실천철학 개념이 건축가들의 작업에서 실무적인 차원과 맺는 관련성을 탐구한다. 6장에서는 건축가들을 하이데거의 철학에 몹시 매료시킨 질문인 해석학적 존재론의 문제로 되돌아간다. 가다머도 하이데거처럼 존재의 의미를 사유하는 방식을 제공하기 때문에, 그의 사상은 건축을 그런 심오한 질문과 이어주는 수단이 될 수 있다.

각 장에서, 나는 가다머를 원용하거나 그와 유사한 관념들을 표현하거나 그의 요점들을 실증하는 듯한 건축 이론가와 실무자에게 꾸준히 주목할 것이다. 이런 종류의 책은 다루는 범위가 많지 않은 관계로, 그들의 작업을 적절히 설명하거나 그런 작업을 한 모든 작가들까지 언급하면서 시작할 수는 없다. 하지만 나는 학문적 시도를 선별적으로 추출하는 데에 집중한 나의 작업이 인용된 작가와 독자 모두에게 충분한 도움이 되기를 바란다. 어쩔 수 없이 제한되고 생략된 부분에 대해서는 유감을 표하며 내가 이 책에서 제시한 것 이상으로 독자들이 더 탐구해가기를 바란다.

Chapter 2

예술의 놀이와 건축의 예술

놀이를 뜻하는 독일어 "Spiel(슈필)"은 하나의 영단어로 그 의미를 고스란히 포착할 수 없는 말이다. 이 말은 "아이의 놀이"와 같은 "놀이"를 뜻할 수도 있지만, 희곡작품의 "연극"을 뜻할 수도 있고, 확실히 놀이에 해당하면서도 분명한 구조나 일단의 규칙들을 따르는 "게임"을 뜻하기도 한다. 이러한 놀이 개념은 독일 예술철학사에서 오랫동안 그 중심에 위치해왔다. 가장 대표적으로 임마누엘 칸트는 놀이를 예술과 자연미의 경험을 정의하는 본질적인 정신 활동으로 여겼다. 칸트적인 의미에서 놀이에 참여한다는 것은 어딘가를 향한 방향성 속에서 자유롭게 흘러가는 방식으로 감각과 이미지와 관념 사이에 일어나는 연결과 관계와 연합을 따르는 것이다. 놀이의 이러한 방향성 혹은 목적론은 놀이 대상에 대한 사실판단에 이르지 않는다. 그럴 경우 놀이 경험은 미적 영역을 벗어나기 때문이다. 오히려 일어나는 판단은 그 대상이 아름답다는 순수한 미적 판단이며, 이렇게 미적으로 만족스러운 놀이 형식을 환기시킬 수 있는 놀이 대상의 능력에 대한 판단일 뿐이다. 따라서 칸트가 말하는 미적 판단은 어떤 객관적인 판단이 아니라 "주관적인 보편(subjective universal)" 판단이다(Kant 1952).

놀이는 독일 인류학에서도 중요한 입지를 차지하는데, 특히 요한 하위징아의 매우 영향력 있는 연구인 1938년의 『호모 루덴스(Homo Ludens)』(Huizinga 1950)에서 그러하다. 하위징아에게 인간의 문화란 근본적으로 놀이의 산물이다. 분명 동물들도 놀이한다고 말할 순 있지만, 인간의 의식 속에서 놀이는 틀림없이 인간적 정체성과 존엄성을 정의하는 어떤 요소라 할 수 있을 자유롭고 해방적인 형식으로 일어난다. 하위징아의 이론들은 문화적이고 역사적이지만, 가다머는 그런 이론들을 철학적으로 전유하여 하이데거가 1930년대에 수행한 연구들과 결합함으로써 예술작품의 진리를 옹호한다. 말하자면 예술작품에는 다른 어떤 종류로도 표현할 수 없는 세계와 인간 실존의 차원들을 드러내는 능력이 있다는 것이다.

예술과 놀이의 진리 차원에 대한 하위징아와 하이데거 같은 사상가들의 주장은 가다머가 『진리와 방법』 제1부를 예술과 놀이에 대한 확장된 철학연구에 할애하기로 한 이유를 설명하는 데 도움이 된다. 가다머는 해석학적 이해의 본성을 더 일반적으로 해명할 "실마리"로서 놀이 개념을 도입한다. 놀이는 해석학적 경험을 해명하는 형식이며, 놀이의 구조는 해석학적 현상의 일반적 특성에 대해 상당히 많은 걸 보여준다. 하지만 놀이가 그렇게 철학적 해석학의 본성적 실마리 역할을 하는 와중에도, 가다머는 놀이의 철학적 '중요성'을 더 강하게 주장하려고 한다. 그리고 이것은 넌지시 예술의 철학적 중요성을 강화하려는 주장이기도 하다. 그러기 위해 가다머가 해야 하는 작업은 미적 진리를 주관화해버린 계몽주의와 낭만주의 시대의 몇몇 영향력 있는 미학이론들로부터 그러한 예술의 철학적 중요성을 회복하는 것인데, 계몽주의와 낭만주의 시대에 예술은 대부분의 인류역사에 상존해온 현실적 관계 따위를 더 이상 반영한다고 보이지 않을 정도로 주관화되었기 때문이다.

예술 주관화의 문제

문제는 칸트 미학에 나타나는 모호성에서 찾아볼 수 있다. 칸트에게 미적 판단은 비록 주관적이긴 하지만 그럼에도 보편적일 가능성이 있다. 게다가 미적 판단이 보편적 아름다움을 내세울 때, 이러한 판단은 세계의 도덕적 가치(즉, 인간의 자유와 목적은 본디 이런 보편 세계에 자리한다는 확신)를 세계의 자연적인 현상 방식에 대한 감각 경험과 종합하는 데 일조한다. 따라서 칸트 철학에서 예술은 줄곧 실재성에 대해 중요한 무언가를 예견하여 표현하는 것으로 여겨질 수 있다. 예술작품이 불러일으키는 인지 놀이에서 경험되는 방향성은 정신을 목적이나 목적론의 특질에 맞추는 데 일조한다(Gadamer 1990b, 54-5). 하지만 그렇다 한들 아름다움에 대한 미적 판단은 결코 자연이나 보편세계를 직접 판단하는 게 아니다. 미적 판단은 인지 놀이를 환기하는 예술가의 고유 능력에 대한 표현이다. 예술가가 놀이를 환기하며 아름답다고 판단되는 뭔가를 창작할 때, 그 예술은 오롯이 주관성의 영역에서 자체적인 목적을 달성한 것이다. 이것이 칸트 이론의 모호함이다. 예술이 간접적으로는 세계에 대한 무언가를 예견하는 것처럼 보이지만, 직접적으로는 주관성의 영역에서 그것을 표현하고 움직임을 이끌어낼 수만 있다.

낭만주의 시대의 미학, 특히 프리드리히 실러의 작업은 주관성과 개인적 천재성을 선호하는 방식으로 이러한 모호함을 해결했다. 실러는 예술적 창조성에 따른 자유를 세계와 관계하는 방식으로 보지 않고 세계의 무미건조함을 넘어섬으로써 세계를 완전하게 만드는 수단으로 보았다. 예술의 목적은 미적인 것의 자율적 영역으로 상상을 전하는 데 있다는 것이다. 확실히 이러한 접근은 예술의 놀이에서 자유를 중시하는 칸트의 주장을 채택하고 있지만, 그럼에도 칸트가 예술이 종합할 수 있다고 본 두 가지 실재성, 즉 내적인 인간의식의 도덕적 삶과 외적인 자연세계 모두로부터 예술을 분리한다.* 실러는 기본적으로 예술을 현실보다 우월한 무언가로 취급한다. 가다머에 따르면, 이러한 접근은 주관주의를 키웠을 뿐만 아니라 예술과 현실이 본질적으로 서로 반대된다고 가정하는 결점을 안고 있다(Gadamer 1990b, 82-3). **가다머에게 예술은 현실을 드러낸다. 비록**

---

* 이 말들은 칸트의 3대 비판서와 각각 대응된다. 즉 '내적인 인간의식의 도덕적 삶'을 다루는 『실천이성비판』과 '외적인 자연세계'를 다루는 『순수이성비판』은 칸트가 본 두 가지 실재성(reality)에 관한 비판서이고, 이 두 가지 실재성을 종합할 수 있다고 본 '예술'을 다룬 세 번째 비판서가 『판단력비판』이다. 『순수이성비판』, 『실천이성비판』, 『판단력비판』은 각각 진(眞) · 선(善) · 미(美)에 대한 칸트의 탐구서라고 볼 수 있다.

언제나 예술 특유의 방식을 취하지만 말이다.

몇몇 이론가들은 예술의 주관화 현상을 건축의 관점에서 구체적으로 탐구했는데, 그들의 탐구는 건축의 근·현대적 상황을 구체화하기에 유용한 양식과 이론의 역사적 발달을 활용하는 방식이었다. 가다머를 명시적으로 원용하는 이론가인 달리보르 베셀리는 바로크 예술이 부상하며 예술의 자기이해에 일어난 변화들, 말하자면 건축의 재현방식을 내재적으로 분할시킨 변화들을 강조한다. 바로크 예술은 관찰자의 감정적 반응을 고양하기 위한 극적이고 동적인 효과들을 강조한다. 건축에서 이런 효과들은 건물의 실내외 표면 모두를 매우 장식적으로 만드는 결과를 가져왔다. 이러한 장식적 경향은 근본적으로 상징적 의미를 구현하던 건축에서 벗어나 쾌감을 주는 감각들의 창조로 이행하는 움직임을 나타낸다. 동시에 건축 기술은 작품의 상징적인 목적과 더 이상 통합되지 않는 대신, 미적 기교들을 뒷받침하는 순전히 기술적인 수단으로 기능한다(Vesely 2004, 269). 이 과정에서 쾌감과 기술이 모두 순수화된다고 말할 수도 있겠지만, 그 대가로 양자는 서로 분할된다. 이러한 분할은 건축미학이 건축공학과 다른 경로를 밟아가는 조건을 확립했고, 건축 창작의 두 차원인 공학과 미학은 결국 근대기 초에 서로 반대의 목적을 취하게 된다.

카스텐 해리스의 바로크 건축 연구도 이와 유사한 결론을 제시한다. 바로크 양식이 의도하는 미적 경험은 모종의 상상적 경험만을 추구하는 자족적인 미적 경험이라는 것이다. 해리스는 이러한 이상의 이론적 표현을 칸트뿐만 아니라 칸트의 동시대인이었던 알렉산더 바움가르텐에게서도 발견한다. 바움가르텐은 예술의 목적이 '감각할 수 있는 세계를 완성하는 것'이라 보았고, 이러한 완벽한 세계를 만들어내는 예술가를 신과 같은 힘을 지닌 피조물로 보았다(Harries 1997, 16-24). 일종의 주관적 경험을 일으키는 것으로 이해되는 미적인 것에 대한 강조는 또 다시 예술적 차원을 기술적이고 기능적인 차원과 분리하는 효과를 낳는다. 건축은 기술적 구축에 장식을 더한 것이 되고, 이런 건물을 위한 패러다임은 장식된 헛간(decorated shed)이다(1997, 4-5).

해리스와 베셀리 등의 해석적 접근에서 보자면, 주관화와 심미주의, "예술을 위한 예술"이란 목적을 향한 움직임이 건축 창작의 형태와 기능을 분리하면서 건축학의 문제들을 도입했고 건축 실무자들은 이미 통합적인 예술을 만드는 커다란 숙제에 직면하게 되었다. 건축이 구조와 기능, 상징, 예술성의 통합을 위해 노력해야 한다는 입장에서는, 건축의 목적이 분할되는 경향이 건축의 가장 중요한 소명을 무너뜨리는 것으로 보일 수밖에 없다.

예술과 "진지한 놀이"

미학이론의 주관주의 경향을 뒤집으려는 가다머의 시도는 플라톤의 『대화편』에서 극화되는 철학적 토론의 특성을 중요한 측면으로 활용한다(Gadamer 1980, 70-71). 『대화편』에서 플라톤의 스승인 소크라테스는 논쟁 상대들에게 지지 않으면서 가장 합리적이라 여겨지는 사유의 실마리들을 파악하고자 질문과 개념, 정의, 가설을 탐구한다. 앞서 "변증법"이란 용어로 정의한 이러한 소크라테스의 문답법은 일종의 "진지한 놀이(serious play)"로 불려왔다. 이런 놀이에서는 언제나 창조성과 발견의 긴장관계가 형성된다. 창조성은 모든 예술가가 주지하듯이 놀이적이다. 창조적 가능성이 열리려면 이러한 놀이적 성격이 필요하다. 진리는 진지하고 종종 너무 무겁기도 하지만, 진리의 발견은 예술성과 같이 뜻밖의 가능성들에 열려있어야 하는 만큼 철학적 문답은 진지한 문제에 놀이적으로 개입하면서도 그러한 놀이적 성격 역시 진지하게 다루게 된다. 플라톤의 담론을 이해하려면 놀이성과 진지함 사이에 늘 존재하는 이 아이러니한 긴장관계를 꼭 인식해야 한다. 소크라테스의 진지한 놀이에서는 정의나

앎의 본성 같은 문제들을 따질 때 결정을 즉시 내릴 필요가 없다. 따라서 그런 질문들은 친구 간에 일종의 논쟁 게임으로 이뤄질 수 있으며, 그 목적은 사유와 결론들로 대화 전체를 이끎으로써 이러한 대화를 더 큰 진리를 향해 이끄는 것이다. 이러한 소크라테스적 변증법의 놀이는 플라톤이 초점을 맞추는 소크라테스 자신의 이야기, 즉 소크라테스가 자신의 생각들을 숨기지 않고 언제나 생생하게 펼쳐낸다는 사실로써 더욱 강조된다(Gadamer 2007, ch. 14; Brogan 2008).

가다머가 보기에 **예술의 진정한 놀이에서는 그 놀이성 자체에 이와 같은 진지함을 가능케 하는 특징이 있다.** 그 이유는 부분적으로 자유가 인간의 가장 심오한 가능성 중 하나이기 때문이다(Gadamer 1986, 130). 하지만 이 "자유"라는 말을 통해 호기심을 끄는 가능성들의 끝없는 장광설을 떠올려선 안 된다. 게임은 놀이의 가능성들을 규칙이 있는 활동으로 질서화하며, 어떤 의미에서 그것은 "놀이하는 자를 놀이하는(play the players)"* 것이다. 예술작품은 놀이를 관람객의 경험을 질서 짓는 특정한 구조로 변형시킨다. 진정 성공적인 예술작품은 그 정체성과 정의가 기막히게 놀랍고, 특유의 강력한 일격으로 놀라움을 선사한다. 자주 인용되는 릴케의 시 구절인 "너는 너의 삶을 바꿔야 한다"(Rilke 1982, 61; Gadamer 1986c, 34)가 고대 아폴론 토르소의 암묵적 요구를 표현하듯이,** 진정 성공적인 예술작품은 어떤 강력한 규범적 권위를 담아낸다. 놀이의 자유는 칸트가 올바로 언급했듯이 실로 그 자체적인 방향성이 있다. 칸트는 이런 방향성이 의미 있는 어딘가를 인도하기 때문에 중요하다고 느꼈다. 하지만 칸트와 낭만주의자들은 예술의 놀이와 진리 추구의 놀이가 갖는 유사성들을 최소화하면서, 예술이 스스로를 초월하며 담아내는 의미를 충분히 음미하지 못했다.

이런 사상가들이 파악하지 못했던 것을 오래 전에 플라톤은 완전히 이해했었다. 그는 예술이 정확히 진리(truth)도 허구(fiction)도 아닌 어떤 영역, 즉 순수한 앎도 순수한 미지도 벗어나는 영역이자 주관과 객관을 차별화하지 않고 결합하는 영역에 있다는 사실을 이해했고, 예술이 거주하는 이 앎(known)과 모름(unknown) 사이의 영역이 모든 진정한 진리 추구 형식이 차지하는 낯선 영역임을 깨달았다. 모든 걸 안다 하더라도 지혜가 없으면 무지 속에서 산다는 소크라테스의

---

* 독일어로 Spiel, 영어로 play로 표현되는 '놀이' 라는 말 자체는 대상을 '갖고 놀다' 의 의미와 대상을 '연기(재현)하다' 의 의미를 동시에 지녀 주객관계의 모호성을 함축한다. 즉 '갖고 놀다' 는 객체들의 게임에 질서를 부여하는 놀이 주체의 행위이지만, '연기하다' 는 연기할 대상을 '재현' 함으로써 대상의 주체성을 연기하는 주체에게 확장하는 행위다. 그러나 여기서 play는 전자의 뜻으로 이해해야 하는데, 가다머가 언제나 '놀이 자체' 의 주체성을 강조하기 때문이다. 즉 가다머는 놀이의 주체성과 관련하여 "놀이의 주체는 놀이하는 사람이 아니고, 놀이는 놀이하는 사람을 통해서 단지 표현(presentation)될 뿐이다" 라고 말했다. — 한스-게오르크 가다머, 『진리와 방법』 제1권(이길우 · 이선관 · 임호일 · 한동원 옮김, 문학동네, 2012) 153쪽. — 이에 따라 폴 키더는 질서화하고 구조화하며 강력한 규범적 권위를 담아내는 '놀이 자체' 의 주체성을 설명하고 있다. 즉 'play the players' 는 놀이가 '놀이하는 자를 갖고 논다' 는 의미에 가깝다. 그리고 그 '놀이하는 자' 는 '연기' 를 통해 놀이를 표현할 뿐이다. '놀이하는 자(player)' 는 자신이 놀이의 주체라고 생각하지만, 놀이가 '놀이하는 자를 놀이한다(play the players)' 는 표현은 거꾸로 '놀이 자체' 가 놀이의 주체임을 선언하는 하이데거식 동어반복이다. 여기서 흥미로운 건 이렇게 '놀이하는 자' 가 놀이의 주체에서 '놀이의 객체' 로 뒤바뀌는 표현 자체가 이미 하나의 놀이이고 이 순간 이러한 놀이 자체가 더욱 확장된 '놀이의 주체' 로 확인되지만, 그 놀이는 오로지 '놀이하는 자' 를 통해 표현되어야만 비로소 어떤 무한한 놀이의 순환을 드러내게 된다는 것이다. 따라서 놀이는 해석학적 순환의 실마리가 되며, 그 패턴은 자아를 객관화하는 자기의식의 무한한 확장인 변증법적 순환과도 유사하다. 한편 이렇게 가다머가 놀이 개념을 통해 인간의 유한성을 표현했다면, 비슷하게 하이데거는 일찍이 그의 1951년 강의인 "짓고 거주하며 사유하기(Building Dwelling Thinking)" 에서 언어를 통해 인간의 유한성을 표현한 바 있다. "인간은 마치 자기가 언어의 제작자이자 주인인 듯 행동하지만, 사실은 언어가 인간의 주인으로 남아있다.(Man acts as though he were the shaper and master of language, while in fact language remains the master of man.)" — Martin Heidegger, "Building Dwelling Thinking" in Poetry, Language, Thought, trans. A. Hofstadter (Harper Perennial Modern Thought, 2013) p. 144.

** 이 구절은 라이너 마리아 릴케의 『신시집(Neue Gedichte)』에 실린 "Archaïscher Torso Apollos" 의 마지막 구절이며, 김재혁이 옮긴 "고대 아폴로의 토르소" [『릴케전집2』(김재혁 옮김, 책세상, 2000) 249쪽] 전문을 옮겨보면 다음과 같다.

안에서는 눈망울이 무르익어갔을, / 그 들어보지 못한 머리를 우린 보지 못했다. 그러나 / 그의 시선이 뒤틀려 박혀 가만히 빛을 발하고 있는 / 그의 몸뚱이는 커다란 촛대처럼 여전히 // 불타오르고 있다. 그렇지 않고서야 어찌 그 가슴의 / 만곡이 너의 눈을 부시게 할까. 또 살포시 뒤틀린 / 허리로부터 어찌 한 가닥 미소가 / 생식을 품은 가운데 그곳을 향해 갈 수가 있을까. // 그렇지 않다면 이 돌덩이는 두 어깨가 투명하게 / 내려앉은, 짤막하고 볼품없는 모습으로 서 있었으리라. / 또 맹수의 가죽처럼 그렇게 반짝이지는 못하리라. // 또 별처럼 그렇게 제 모든 가장자리에서 빛을 / 내지도 못했으리라. 너를 바라보지 않는 곳이란 / 한 군데도 없으니까. 너는 너의 삶을 바꿔야 한다.

주장을 따르는 것은 인간의 의식이 대부분 이러한 앎과 모름 사이의 중간(in-between) 상태에 있음을 인정하는 것이다. 플라톤의 철학이 종종 당대 시인과 예술가와는 어울리지 않는 모양새를 보이곤 하지만, 그것은 플라톤이 예술의 진가를 몰라서가 아니라 바로 이러한 중간 영역을 지향하려고 애썼기 때문이다. 이런 노력을 했던 그는 많은 종류의 적과 싸울 수밖에 없었는데, 그 중에는 자신들의 시적 환상을 신학적 진리(verity)로서 주장한 자들도 있었고 '예술을 위한 예술'에 해당하는 고대 그리스 개념을 주장한 자들도 있었다(Gadamer 1980, 43-4; 1986c, 14-15).

말 없는 이미지와 체화되는 말

예술에서 의미 기능을 파악하려면 무엇보다 서사적인 예술 형식을 따져보는 게 가장 쉬워보일지 모른다. 이런 예술 형식은 사실적인 언설과 마찬가지로 언어적(verbal)이니 말이다. 서사적 예술 형식은 실제로 무슨 일이 일어나는지를 설명하는 언설과 사람들이 실생활에서 나누는 대화와 같은 것을 재생산한다. 언어적 예술에서는 예술적으로 꾸며진 언어로 표현되는 의미들을 쉽게 인식하며 그에 접근할 수 있다. 비언어적 예술에서도, 예를 들어 회화의 경우를 생각해 보면 사람이나 대상을 알아볼 수 있게 묘사하는 그림이 의미를 가장 쉽게 전달한다고 여겨질 수 있다. 시각예술에서 그러한 묘사는 어떤 서사를 향해 일종의 다리를 놓아준다. 관객은 하나의 이야기가 묘사되고 있음을 이해할 수 있고, 그 이야기의 관점에서 그림을 해석할 수 있다. 그러나 이러한 해석방식은 뭔가 좀 기만적이다. 이렇게 친숙하고 쉬운 접근이 이뤄질수록 예술작품만의 독특한 예술적 특질이 실로 흐려질 수 있기 때문이다. 예술적 의미는 그야말로 통상의 의미 만들기 방식과 상당히 다르기 때문에, 아이러니하게도 비언어적 이미지의 의미 기능을 따져봐야 언어적 예술을 해석하는 새로운 방식을 열 수 있다.

예술의 평범한 성격을 강조할수록 놓치기 쉬운 것은 모든 예술적 재현(representation)이 하나의 "표현(presentation)"이며 모든 성공적인 모방은 "인식(recognition)"을 불러일으킨다는 점이다. 가다머는 이 "표현(Darstellung)"과 "인식(Wiedererkennung)"이란 용어들을 설명이 필요한 전문적인 의미로 사용한다. 예술적 재현은 그것이 재현하는 주제에 틀과 질서를 부여하고 그 특징들을 강조한다는 의미에서 하나의 표현이다. 예술은 그것이 재현하는 주제를 마치 "자, 이런 식으로 보라."는 듯이 표현한다. 예를 들어 어떤 중요한 인물을 그린 초상화는 그러한 중요성을 전달하는 방식으로 인물의 이미지를 표현한다. 이를 보는 관객은 "이렇게 비슷하다니 놀라운데!"라고 말할 수 있을 것이다. 그러나 예술의 관점에서, 그림을 놀랍게 만드는 건 그러한 비슷함이 아니라 비슷함에 더해지는 무언가다. **예술작품은 결코 무언가를 단순히 그대로 기록하지 않으며, 언제나 어떤 "존재 증대(increase in being)"를 이루어낸다**(Gadamer 1990b, 110-8; Vilhauer 36-8).

예술은 삶을, 자연을, 세계를 모방하지만, 관객이나 청취자가 삶이나 자연이나 세계에 대해 이전까지 파악하지 못했던 무언가를 인식하게끔 돕는 방식으로 모방한다. 여기서도 예술의 관점에서 중요한 것은 모방이 성공적인 복제로서가 아니라, 인식의 수단으로서 지니는 가치다. 이러한 가치는 때때로 특수한 것에서 보편적인 것을, 혹은 현실적인 것에서 이상적인 것을 이끌어내는 예술의 능력이라 불려왔다. 그러나 가다머는 (표현이 언제나 일반화하는 움직임을 포함하는 한) 이러한 예술적 능력의 정식화에 모종의 진실이 있음을 이해하면서도 예술의 특징을 지나치게 이상화하는 태도를 경계한다. 예술작품의 가장 비상한 특징 중 하나는 사실 예술이 그것의 특수적 중요성을 조금도 버리지 않은 채 일반적인 무언가를 암시할 수 있다는 데에 있다. 시인 릴케가 고대 아폴론의 토르소를 묘사하면서 "너는 너의 삶을 바꿔야 한다"는 생각으로 끝을 맺을 때, 이 말은 작품의 경험이 어떠한지를 암시하고 있다. 그러나 이 말은 결코 작품의 경험 자체를 대체하려고 하지 않는다. 예술작품의 의미는 작품을 제쳐둔 채 일단의 개념적 의미들로 전환할 수 없는 것이요, 작품이 반복되거나 회상되는 경험 속에서 간직되는 어떤 것이다. 예술작품은 대단히 너그럽게 작품의 의미를 공유하지만, 그러한 의미에 대한 독점적 소유권은 완고하게 간직한다(Gadamer 1986c, 33; 2007, 214-17).

예술의 본성에 대한 이러한 진술은 일명 "가다머의 바닥(Gadamer's floor)"으로 알려진 개념을 통해 건축적으로 설명된다. 건축가 자크 헤르초크(Jacques Herzog)가 전하는 바에 따르면, 가다머는 96세 때 파리 퐁피두센터에서 열린 한 기획전시에 관한 인터뷰에서 건축을 어떻게 생각하느냐는 질문을 받았을 때 일반적인 방식으로 대답하지 않고 어릴 적의 특수한 경험을 얘기했다.

> 가다머가 어릴 적 부모님과 살던 집에는 (중략) 공식 응접실에 근사한 쪽모이 세공 바닥이 있었다. (어릴 적의 가다머를 비롯하여) 아이들은 크리스마스처럼 특별한 때가 아닌 한 들어가도록 허락받지 못한 방이었다. 가다머는 이 맨바닥에 서있던 피아노와 당구대를 묘사하면서 이 바닥면이 뭔가 마술적이었다고 말했다. 깨끗하게 잘 관리되어 윤이 나는 근사한 나무 바닥에서 방 전체를 채우는 밀랍왁스 냄새가 났다고. 가끔씩 아버지의 친구 분이 방문할 때면 (중략) 언제나 그 금지된 방에 들어가 바로 그 마술적인 바닥에 외투와 젖은 우산을 두곤 했다고 말이다. 어릴 적의 한스-게오르크에게는 아버지의 친구가 그런 행동을 한다는 게 끔찍했을 것이다. 가다머는 아직도 젖은 우산의 물방울이 윤이 나는 나무 바닥으로 뚝뚝 떨어지던 이미지를 생생하게 기억한다.
>
> (Herzog 2001, 115)

이 바닥의 황홀한 매력은 바닥을 짜는 비범한 수공예기법, 가족들의 세심한 관리 속에서 치러지는 의례, 유년시절의 풍부한 상상력 등에 기인하지만, 이런 요인들로만 환원할 수는 없다. 경험을 묘사하는 말은 경험을 개념화하여 그 의미를 보존하고 전달할 수 있을 만큼 일반화하지만, 그러한 특정한 의미에 접근하는 최선의 방법은 어디까지나 경험에 근접한 연상을 일으키는 (일례로 릴케의 시와 같은) 서사로 표현하는 것이다. 그런 경우 언어는 경험에서 멀어지는 게 아니라, 경험 속으로 더 깊숙이 다가갈 것이기 때문이다.

건축을 체화된 경험 속에서 인식할 수 있는 의미들의 응축물로 보는 시각은 스티븐 홀이 자기 건축의 "원형적 경험(archetypal experience)"들을 묘사하는 데서 분명하게 나타난다. 그의 "원형적 경험"이라는 구절은 어지간히 역설적인데, 원형적인 것을 심원한 개념들의 추상에서가 아니라 구체적인 것의 강도와 특이성에서 추구하기 때문이다. 일례로 1970년에 건축학도였던 홀은 로마의 판테온 근처에 살면서 거의 매일같이 이곳을 방문하고는 다음과 같은 묘사를 남겼다.

> 그 굉장한 판테온의 공간 속에서 나는 뭇 감각을 끌어들이는 건축의 강력한 열정과 능력을 처음으로 느꼈다. 몇 달간 거의 매일같이 그 거대한 이중문들을 지나 이천년 된 이 작품이 사방으로 둘러싸는 침묵 속에 빠져들었다. 판테온의 모습은 정짐의 열린 개구부를 관통하며 날마다 극적으로 변하는 빛줄기에 따라 변했다. 비오는 날 아침에는 아래로 쏟아지는 빛줄기 속에 반짝이는 빗방울들이 반사되었고, 빗방울들은 바닥으로 천천히 떨어져 정교한 대리석 포장의 홈 속으로 흘러나갔다. (중략) 흐린 날에는 그 커다란 원형 구멍으로 들어오는 빛이 더 잘 보였고, 마치 아침 햇빛이 단단히 뭉친 원통 같은 모습이었다. (중략) 다양한 건물과 석벽 폐허, 아무렇게나 방치된 해자(垓字) 같은 공간들에 잠든 고양이들이 가득한 주변 도시조직은 순수하게 비어있는 실내와 놀라운 대조를 이루고 있었다.
>
> (Holl, et al. 2006, 122)

판테온만큼 전문적이고 상징적으로 분석된 건물도 얼마 없는 편이지만, 홀은 판테온에서 그 의미를 예시하는 복잡한 감성에 집중하며 그 속에 체험적으로 빠져든다. 이렇게 고양되는 감각적 직접성(immediacy)은 판테온의 이해가능성(intelligibility)을 전하는 소통능력을 줄이는 게 아니라, 반대로 더 증대시킨다.

런던 템스 강의 거대한 발전소를 테이트 모던 미술관으로 개축한 자크 헤르초크와 피에르 드 뫼롱은 가다머가 이야기하는 바닥에서 영감을 받아 일부러 바닥을 하나의 통합적인 건축요소로 내세우는 계획을 생각했다. 그들이 선택한 거친 떡갈나무 판재 바닥은 가다머가 어릴 적에 보았던 쪽모이 세공바닥과 많이 다름에도 불구하고 갤러리 방문객들에게 평범한 공간 이상의 무언가를 느끼게 한다는 점에서 비슷한 역할을 한다. 그렇게 헤르초크와 드 뫼롱, 혹은 홀이나 유하니 팔라스마(2009), 혹은 페터 춤토어(Sharr 2007, ch. 5)가 특정 재료의 감각적 특질을 강조하는 것을 이해력과 알 수 있는 의미에서 멀어지는 움직임으로 본다면 지나친 실수일 것이다. 그런 건축가들은 오히려 가다머가 모든 예술작품에서 발견하는 수수께끼, 즉 끝없는 이해가능성이 끝없는 특수성과 신비롭게 얽혀드는 수수께끼 같은 걸 포용한다고 봐야한다.

일반적인 것과 개별적인 것의 이러한 흥미로운 긴장은 가다머가 "상징성"의 개념을 이해할 때도 나타난다. 그는 상징을 뜻하는 "symbol"이란 단어의 옛 어원을 끌어오는데, 그 어원은 두 사람 사이에 서로의 결합에 대한 징표로서 공유되는 깨진 물체의 한 조각을 지칭하는 것이었다. 따라서 그 두 사람이, 혹은 그들의 후손들이 오랜 시간이 지나 함께 모이면, 깨진 파편들을 맞춰봄으로써 오랜 유대관계를 인식하게 되는 것이다(Gadamer 1986c, 31-4; Tate 2008, 195-9). 이와 비슷하게 예술작품은 스스로를 지워내지 않는 방식으로 그 자체의 너머를 지향한다는 점에서 상징적이다. 그것은 총체적 의미를 이루는 하나의 단편이며, 본질적이지만 완성되지 않은 어떤 부분이다(1986c, 16, 37, 126). **상징적 의미를 파악하면 마치 친숙한 무언가를 우연히 만난 듯한 실감을 하게 된다.** 고대의 토르소는 고대 세계 전체를 이루는 하나의 단편이지만, 그것이 말을 걸어오고 고집스런 요구를 해올 때, 그 의미는 그냥 친숙해지는 게 아니라 직접적이고 내밀하게 친숙해진다.

회화와 조각, 기악, 건축과 같은 비언어적 예술 형식들은 “말이 없다(speechless)”고 가다머는 말한다. 하지만 그가 염두에 두는 말없음의 의미는 독일어 “vertummt(페툼트)”의 함축적 의미에서 유래하는데, 이 말은 그저 침묵만이 아니라 웅얼거림을 뜻하기도 한다. 말없는 이미지는 말로 내뱉을 수 있는 것보다 더 말할 게 많아서 웅얼거린다(1986c, 69, 83). 말없는 이미지 속에 있는 이러한 의미의 잉여는 상징의 또 다른 근본적 특징을 드러낸다. 그것은 상징이 다면적 가치를 지니며, 그 안에 다양한 종류의 암시를 응축하고 존재의 다양한 영역들을 함께 그러모은다는 점이다. 그러한 기능은 상징과 종종 연관되어온 마술적인 힘들을 이해하는 열쇠가 된다. 예컨대 어떤 여성 인물의 석제조각이 돌의 물성과 한 인간의 형태, 그리고 신성한 존재의 의미를 한꺼번에 전달할 수 있다면, 그 안에서 이 모든 힘들을 결합하지 못할 이유가 있겠는가? 설령 이런 힘의 마술적 측면을 인정하고 싶지 않은 사람이라 해도, 어떤 상징이 생생해 보이는 때란 그 상징이 곧 다양한 종류의 존재에 한꺼번에 참여할 때임을 부인하긴 힘들 것이다.

『진리와 방법』에서는 비언어적 예술의 사례들을 재현적인 구상(具象, figurative) 양식에서 끌어오지만, 가다머의 후기 저술에서는 그의 생각이 비구상(非具象, non-figurative) 예술에도 적절히 들어맞음을 분명히 보여준다. 비구상 예술은 현재 논의의 목적상 중요하다. 하나의 예술 형식으로서 건축은 언제나 일종의 추상적 변형이었기 때문이다. 기둥을 설계할 때는 어떤 파피루스 줄기나 인체 형상을 재현하도록 설계할 수 있지만, 그런 구체적 형상이 없는 기둥도 역시 아름답고 의미가 있을 수 있다. 사실 근대적 감성에서 보자면 구체적 형상의 기둥 장식(ornamentation)은 장식 없는 형태의 순수한 건축적 예술성에 불필요한 조각을 덧붙인 것처럼 보인다.

가다머는 이런 종류의 추상이 재현(혹은 고대 그리스인들이 “모방

[mimesis]"이라 불렀던 것)을 버리는 게 아니라 다른 종류의 재현으로 이동하는 것이라고 주장한다(1986c, 24, 36, 103, 128). 이미지들을 요소적인 기하형상이나 평탄한 표면, 순수한 색상 관계들로 단순화한다고 해서 자연에 대한 연상에서 벗어나는 게 아니란 얘긴데, 자연은 결국 기하학적이고, 표면적이며, 색들로 이뤄졌기 때문이다. 반대로 추상예술가가 물체와 장면을 묘사하는 형태에서 벗어나는 것은 그런 추상화를 통해 전면에 떠오르는 특질들을 탐구하고 강조하며 놀이하는 하나의 방식일 수 있다. 바실리 칸딘스키가 물체가 자신의 회화를 "해치고" 있다는 확신에 도달했을 때(Kandinsky 1994, 370), 그는 바로 이런 생각을 하고 있었다. 묘사되는 사물이 친숙하여 관객들이 자기만족에 머무르는 한 떠오를 수 없는 의미들이 있었던 것이다.

이런 맥락에서, **추상은 예술작품의 상징적 의미를 최소화하는 게 아니라 사실 그런 의미를 풍부하게 만들 수 있다.** 외연적 의미를 억누를수록 작품은 내포적 의미로 넘쳐흐를 수 있다. 어느 한 사물도 재현하지 않음으로써, 작품은 많은 것들을 한 번에 암시할 수 있다. 이런 식으로 추상 작품은 다면적 가치를 향상시킬 수 있으며, 가다머는 이러한 다면적 가치가 상징을 정의한다고 본다. 심지어 작품의 열망이 순전히 실험적일 때조차도, 실험이 성공이었다는 말로써 의미되는 무언가가 있으며 그것은 세계의 질서에 대한 무언가가 암시되는 인식의 순간이다. 이러한 인식의 잠재력을 통해 실험적인 작품은 과거 작품들과 연속성을 성취하고, 이로써 우리는 가장 이상한 사물에 저 예스럽고 유서 깊은 용어인 "예술"이란 말을 부여하게 된다(1986c, 22-5, 90-92, 128).

건축의 "어울리는" 성격

가다머는『진리의 방법』과 여타 저술에서 건축에 대한 관심을 명시적으로 드러내는데, 건축이 여러 예술 사이에서 예외적인 입지를 차지한다는 시각을 충분히 명료하게 밝힌다. 하지만 그의 진술은 건축에 독특한 역할을 부여하는 특질을 문제적인 단어로 묘사한다는 점에서 그의 의도와 반대되는 효과를 낼 소지가 있다. 그는 건축이 "데코라티프(Dekorativ)"*하다고 말한다. 이 단어가 오도될 여지가 있는 것은 아돌프 로스와 르 코르뷔지에를 비롯한 모더니스트들이 표피적 유미주의의 정수라며 공격한 특질이 바로 이 말과 관련된 장식(decoration과 ornament)이었기 때문이다. 그러나 가다머는 "데코라티프"를 이러한 장식과 반대되는 의미로, 즉 하나의 건축 작품을 통합하여 유미적 표피성에 저항하는 수단이 된다는 의미로 사용한다. 여기서 그는 비트루비우스적 의미의 "어울림(decorum)"을 원용하는데, 이 말은 한 작품의 형식이 그 의미와 기능에 맞는 것을 가리킨다. 비트루비우스에 따르면 이러한 어울림의 예는 신전의 구조가 — 그리고 특히 그 기둥들이 — 신전이 기리려는 신성에 적합해야 한다는 점에서 찾아볼 수 있다(Rykwert 1996, 237-9).

가다머는 비트루비우스의 기본 개념을 자신의 해석학적 놀이 개념으로 번안한다. 비트루비우스가 말하는 "어울림(fit)" 혹은 적합성의 20세기적 판본은 하이데거가 사물이 세계를 "모은다(gather)"고 설명한 것이다. 예를 들어 교량을 하나의 고립된 자율적 실체로 취급한다면 교량의 건축적 기능뿐만 아니라 그것이 의미의 세계 속에서 존재하는 방식 자체까지 놓치게 된다. 그러나 교량은 하나의 사물로서, 언제나 자연적이고 문화적인 관계들로 짜인 거미줄 속에 붙들려 있다. 건축적 사물인 교량은 특히 어떤 풍경의 모음에 헌신한다. 양쪽의 강둑을 함께 그러모아 강과 주변으로 향하는 하나의 경로를 — 따라서 하나의 인간적 여정을 — 잇기 때문이다(Heidegger 1971,

* 저자는 영어인 decorative로 기술하고 있으나, 이에 해당하는 독일어 원어는 Dekorativ이므로 독일어 발음으로 표기하고 음역해둔다. 물론 이 말은 통상 '장식적' 이라고 번역되는 말이어서, 가다머의 『진리와 방법』 국역본 제1권(문학동네, 2012)에서도 그렇게 번역된 바 있다.

151-8). 교량은 풍경 속에서 방향성을 부여하고 그러한 풍경을 부가적으로 보충한다. 교량은 자체적인 목적을 수행하고 어떤 환경을 매개하여 의미를 이끌어내지만, 이런 목적들을 충족하는 동시에 그 고유의 예술성을 실현한다. 마찬가지로 건물도 어떤 외부 맥락과 내부 공간들을 매개하며 "모은다." 건물은 환경 속에서 고유의 장소를 발견하고 자체 프로그램의 목적들을 수행하며, 그 결과 건물의 예술적 특질은 그 자체를 창조적으로 역설하는 동시에 그로써 가능해지고 향상되는 활동들의 이면으로 후퇴해야만 한다(Gadamer 1990b, 156-8).

이는 액자가 회화의 공간을 만들어내는 동시에 회화의 경험 속에서 후퇴하는 방식과 닮아있다. 하지만 건축의 경우 그 효과는 훨씬 더 심오하다. 건축은 사건과 참여자를 모두 포함하는 하나의 총체적 활동이 일어날 수 있는 공간을 만들어내기 때문이다. 게다가 모든 예술의 기능은 사물의 존재를 향상시키는 것이기에, 건축은 내 · 외부의 모든 것에 이러한 정서적 영향을 미친다. 그리고 다른 예술들은 건축 안에서, 혹은 건축과 연관되어 일어나므로, 모든 게 장소를 만들고 틀 짓는 건축의 능력에 의존한다. 이로써 건축은 특별한 역할을 부여받는다. 건축은 그런 목적들을 수행하는 동시에 후퇴하기 때문에 그 필연적 존재가 망각되기 쉽고, 사람들은 회화나 조각이나 연극을 자율적인 예술로 생각하곤 한다. 하지만 그런 예술이 의미를 모으기 쉽게 만드는 것이 건축이며, 건축은 언제나 그런 예술이 모으는 것의 일부를 이룬다.

데코라티프를 이렇게 설명할 때, 건축의 약점으로 취급되곤 하던 특질이 이제는 강점으로 떠오른다. 건축은 언제나 자체 프로그램을 수행해야 하므로 예술적 차원이 위협받고 있다고, 또한 "순수예술"로 존재할 수도 없다고 종종 여겨진다. 물론 영감이 없는 실용적 기능주의가 건축의 예술성을 침해할 수 있는 게 사실이지만, 가다머가 보는 또 하나의 사실은 예술적으로 성공적인 대부분의 건축에서 프로그램이 예술에 아주 핵심적이란 사실이다. 다른 대부분의 예술과 달리 건축은 바로 프로그램을 통해 관여하게 된다. 건축은 프로그램을 통해 배경으로 후퇴함으로써 경험을 조성할 수 있다. 건축 작품의 예술성이 문득 전면으로 떠오르는 놀라운 순간, 그 힘의 대부분은 관찰자가 이미 자신의 몸을 통해 짐짓 그 의미들의 결합체 속에 사로잡힌다는 사실에서 온다.

> 그것은 아름다운 모든 것이 그렇듯 오로지 그것을 사용하는 도중에 놀라운 무언가가 눈앞에 빛날 때에만 하나의 예술작품으로서 떠오른다. 그 경험은 예를 들어 교회의 어느 방이나 계단통에서 문득 얼이 빠져 멈춰 서있을 때처럼, 우리의 목적 지향적 행위에 중단을 일으킨다.
>
> (Gadamer 2007, 221)

이런 식으로 건축을 이해하는 가다머는 비트루비우스적 의미의 어울림을 확장하여 고대의 용법과도 연결시킨다. 고대에 어울림이란 말은 "아름다움"이란 관념 자체와 다소 동등한 의미였다. **이러한 고대 개념에서 아름다운 것(the beautiful)은 좋은 것(the good)의 형식이다. 아름다운 것의 매력은 좋은 것의 최고 가치를 암시한다** (Gadamer 1990b, 480-82). 이런 의미들의 유산에 근거하여 데코라티프를 역사적으로 좋은 것의 형식과 연결한 가다머는 이 용어의 의미를 "단순한 장식"이란 개념에서 매우 먼 의미로 변화시켰다. 그는 사실, 칸트가 스스로 몹시 애석해하며 약화시켰고 칸트의 추종자들이 별다른 애석함 없이 완전히 분할해버린, 기쁨(delight)과 궁극적 가치(ultimate value)의 통합을 복원했다.

상기한 가다머의 인용문에는 짚고 넘어가야 할 가슴 아픈 개인적 사연이 담겨있다. 1950년대 하이델베르크대학교 건축계획을 위한 교직원 대표였던 그는 프리드리히 바인브레너(Friedrich Weinbrenner)가 설계한 한 교직원 건물의 보존을 주장하다가 실패했는데, 이 건물에 있던 계단통(stairwell)*을 두고 이렇게 말했다. "너무 아름다워서 여길 오르다 종종 멈춰 서서 한참을 있어야만 했다"(Gadamer 2006; Rambow and Seifert 2006). 이 철학자에게 비중과 의미가 있는 경험적 시금석으로서 이제는 "가다머의 바닥" 못지않게 "가다머의 계단통"을 말할 수도 있으리라.

가다머는 건축을 매우 통합적으로 바라봤기 때문에 건축을 주로 직접적인 시각효과의 관점에서 음미하는 문화적 경향을 애통하게 여겼다. 그는 이런 경향이 건축사진술의 부상과 관련이 있다고 봤다. 사진술은 건물의 인상을 공유하기에 탁월하지만, 그 대가로 시각이미지를 촉각과 청각, 운동 감각의 이미지와 분리시키고 만다. 건축의 시각적 감각을 진흥하던 문화는 한편으로 우르르 몰려다니는 관광객들을 만들어내고 있었다. 그들은 마치 전 세계가 하나의 그림책이고 여행은 그 책의 페이지를 넘기는 일이라는 듯 그저 건물을 "보기"만을 원하지만, 건물은 사용할 때 그 의미를 발견하게 된다는 걸 잊어버린다(1986d; 1990b, 87, 156).

이 지점에서 가다머의 사유와 홀과 팔라스마 같은 건축가들의 작품이 서로 공명하는 걸 다시 눈치 챌 수 있을 것이다. 홀과 팔라스마는 작품이 불러일으키는 상호작용 속에서 모든 감각의 놀이를 벌이려고 한다. 이런 작품을 특징짓는 중심 요소는 재질과 표면이고, 형태와 재료의 무게가 주는 상상적 감각이며, 개인이 실들을 통과하거나 계절과 시간대에 따라 변화하는 빛이 표면에 떨어질 때 펼쳐지는 움직임과 발견의 감각이다. 그런 특질들이 작품에 깊이와 시간의 차원을 가져다주는데, 작품의 존재 방식을 경험해갈수록 점차 그런 차원을 깨닫게 되기 때문이다. 가다머는 이런 식으로 건축적 의미가 점

* 텅 빈 수직 공간 속에 계단이 주위를 두르며 올라가는 곳으로서, '계단통'이라는 우리말과 달리 영어 stairwell에서는 '계단의 샘'이라는 시적 비유를 느낄 수 있다.

차 떠오른다고 믿었기에 특정 건물의 성공이나 실패에 대해 단언하기를 꺼려했다. 그의 생각에 따르면, 건물이 성취하려는 모든 걸 발견하기 위해서는 건물과 함께 시간을 보내야 한다. 하지만 건축의 핵심적 예술성이 전면으로 드러날 때가 되면, 그 안에서 일어나는 모든 게 건축의 힘과 공명하는 듯 보일 수 있다. 위대한 구조물은 그 예술성을 하나의 삶 전체에 부여한다.

균형의 문제들

건축 작품에서는 자기주장과 자기를 지워내는 힘들 사이에 균형이 있어야 하며, 모든 건축가는 바로 이러한 균형을 적절히 열망한다. 디자인은 담대하고 강력할 수도, 정교하게 장식될 수도 있지만, 그것이 내세우려는 것과의 관계를 고려하여 일부러 후퇴하는 전략도 갖춰야만 한다. 그저 내세우기만 하는 건축은 그 기교가 어떻든 간에 건축으로 기능하지 못한다. 이 문제는 1980년대에 유행한 모종의 아이러니적이고 역사주의적인 포스트모던 양식에 비춰 생각해볼 수 있다. 제임스 스털링의 슈투트가르트 주립미술관 신관(Neue Staatsgalerie)이 보여주는 무절제하고 변칙적인 역사적 참조는 통합되지 않은 지극히 시각적인 참조로써 작품 전체의 경험을 압도하는가? 이 작품의 요점은 통합적인 작품이기보다 하나의 진술을 하는 지점으로까지 미학적인 것을 과장하는 것인가? 가다머는 아마도 그렇게 생각하는 편이었던 거 같지만, 그 건물에 정말 친숙하지 않은 바에야 판단하려하지도 않았다(Gadamer 1986d). 하지만 적절히 말하자면, 이와 같은 실험은 강력한 놀이성과 과장된 건축어휘의 참조 때문에 어느 지점에서 자체적인 균형을 잃어버린다. **건축가들이 "그건 진지하지 않다"고 말할 때, 그들은 놀이 자체를 폄훼하려는 게 아니라 놀이가 헌신할 수 있는 위대한 것들을 음미하지 않는 유미주의의 귀환에 저항하려는 것이다.**

프랭크 게리보다 더 유희적인 건축가를 상상하기란 어렵다. 하지만 그가 남긴 최고의 작품들은 매우 진지하게 여겨진다. 철학적 해체주의가 게리의 작품이 취한 방향들과 얼마나 관계가 있느냐는 질문은 잠시 제쳐두자면, 우리는 그가 근대기에 탐구된 조각적 가능성들을 끌어와 자신만의 창조성과 컴퓨터지원 설계/제조(CAD/CAM)를 통해 발전시켰다고 말할 수 있다. 이러한 정교한 설계과정은 예술가가 손수 만든 수수한 작업에 가까운 완성작을 만들어냈다. 게리는 1970년대에 이런 실험을 시작한 이래로 그의 접근법이 건축적이지 않고 조각적이라거나, 건물의 유미적 형식이 통합적 요소들이기보다 단순한 첨가물에 불과하다는 비난들을 꼬리표처럼 몰고 다녔다. 하지만 그의 건물보다도 이런 식의 해석이야말로 오히려 피상적이라고 말할 수 있을 것이다. 추구해야 할 균형을 얻어내는 게리만의 독특하고 흥미로운 방식들이 있을 수 있기 때문이다.

몇 가지 간략한 진술을 통해 이런 가능성들을 알아볼 수 있을 것이다. 나는 게리의 건물들이 철저하게 건축적이라고 말하고 싶은데, 창조적 접근을 통해 프로그램과 그 배치에 세심한 관심을 둔다는 의미에서 그렇다. 그 결과 평범하지 않은 모양과 대비에도 불구하고 순조로운 탐색이 가능한 건물이 나타난다. 내부 공간을 지날 때의 직관적인 움직임은 예상되는 것들이다. 게리의 건물에서는 이렇게 몸-주체를 수용함으로써 몸 중심의 설계과정에서 얻은 조각적 형태와 관계를 수립한다. 나는 이러한 신체적 요소들의 결합이 일종의 통합을 이룬다고 말하고 싶다. 그것은 말하자면 구체적인 경로구축이 재현하는 명시적 통합이 아니라, 인간적 체화의 특질들에 맞춰 조율하는 복잡한 상상적 통합이다. 그것은 형태를 내세우다가도 건물 사용자들의 감성에 맞춰 조율한다는 점에서, 가다머의 의미로 어울림(데코라티프)의 균형을 추구한다.

게리의 공간에서 뜻밖의 순조로운 탐색이 가능하다면, 뜻밖의 인식도 가능하다. 예를 들어 로스앤젤레스에 있는 디즈니 콘서트홀 로비의 주위를 걷다보면, 이제껏 본 어떤 콘서트홀과도 시각적으로 다른 곳임에도 콘서트홀의 공간들을 인식할 수 있다. 건물의 외부는 출입 정면에서 "매달아 올린 닻"처럼 쓸어 올린 모양을 볼 수 있듯이 많은 상상적 연상을 불러일으키지만, 그 중에는 매력적으로 인식할 수 있는 건축적 연상이 있다. 중정과 정원을 발견할 수 있고, 마치 유럽의 성채를 방문하듯 외벽의 상단을 따라 걸어 다닐 수 있으며, 모든 매력적인 시점에서 위아래를 내려다볼 수 있다. 매사추세츠공과대학의 스타타 센터에서는 소규모 원형극장과 같은 공적 공간들을 통해 작은 장원의 요소들을 인식할 수 있다. 이 단지의 형태들은 확실히 유희적이고 어떤 면에서는 우스꽝스럽기도 하지만, 그럼에도 강력한 공명을 일으키는 건축의 전통과 상상적으로 연결된다.

실마리와 본보기로서 놀이

유미주의의 한계를 벗어나 놀이의 현상을 자유롭게 구성하는 『진리와 방법』 제1부에서는 놀이의 구조가 해석학적 패턴의 구조적 실마리가 된다. 이제 분명히 해야 할 것은 이러한 "실마리"라는 칭호가 사실은 부족한 표현이라는 점이다. 예술의 놀이는 해석학적 현상의 완전한 경험을 구성한다. 예술의 목적은 학술이나 역사 혹은 철학의 목적과 다르지만, 예술의 특수한 해석학적 차원은 그와 다르지 않다. 게다가 예술은 문화와 역사에 단단히 뿌리박기 때문에, 예술의 해석학은 이런 분야의 해석학과 유사한 정도에 그치는 게 아니라 연속적인 관계에 있다. **가다머는 특히 건축 작품들이 "역사적 조류의 강기슭에 가만히 서있는 게 아니라 역사적 조류를 따라 함께 흘러간**

---

* 가다머의 『진리와 방법』 영역본(1990b)에 나오는 해당 문장의 원문은 "Works of architecture do not stand motionless on the shore of the stream of history, but are borne along by it"이다. 참고로 폴 키더는 borne을 born으로 오기하고 있는데 borne은 bear라는 동사원형이 '낳다' 이외의 뜻으로 쓰일 때 보통 쓰이는 과거분사라는 점에서, 또한 문맥을 고려하더라도 강물의 조류에 '실려간다'는, 즉 역사적 조류와 함께 흘러간다는 의미로 보는 게 타당하다. 한편 독일어 원본을 국역한 『진리와 방법』 제1권(문학동네, 2012, 222쪽)에서는 이 문장을 이렇게 번역하고 있다. "건축작품들은 역사적인 삶의 흐름의 강변에 움직이지 않은 채 서 있는 것이 아니라, 그 역사적인 삶의 흐름과 함께 떠내려간다."

프랭크 게리의 디즈니 콘서트홀, 로스앤젤레스

다" (1990b, 156-7)*고 말한다. 건축과 역사의 해석학적 호혜성은 사실상 양자를 분리한다는 게 임의적으로 보이게 되는 어떤 지점에 도달할 수 있다.

이런 이유로 『진리와 방법』 제2부는 역사의 본성과 역사적 텍스트의 해석으로 질문을 옮기지만, 근본적으로 예술과 건축의 질문들을 제

디즈니 콘서트 홀

디즈니 콘서트 홀

프랭크 게리의 레이 앤 마리아 스타타 센터, 매사추세츠공과대학

쳐 두지는 않는다. 가다머에게 영향을 받은 건축이론가들은 제1부 만큼이나 제2부에서도 자기 작업과의 관련성을 발견한다. 그들이 이런 관점을 유지하는 이유는 이제 가다머의 역사적 이해에 관한 해석학적 요소들을 더 깊이 살펴보면서 분명해질 것이다.

Chapter 3

역사적 이해와 건축의 과거

인류역사의 맥락에서 해석학적 패턴이 작동하는 복잡성을 감안해보면, 확장된 비유로 개념을 소개하는 게 유익할 수 있겠다. 산기슭의 어느 시골 지역에서 평생을 살아온 여인이 있다고 상상해보자. 산봉우리들은 들쭉날쭉한 지평선으로 지역의 한계를 정의한다. 여인은 산맥 너머에 다른 세상이 있다고 들었다. 그곳에서는 사람들이 다른 언어를 말하고 수많은 이들이 대도시에 산다고 말이다. 여인은 이 도시의 삶에 대해 이런저런 얘기를 들었지만, 얘기는 모두 제각각이다. 그 도시에 가본 적이 있다는 지인들은 저마다 관심과 느낌이 다른 듯하다. 누군가는 그곳이 근사하다고, 누군가는 소름끼친다고 한다. 하지만 모두가 동의하는 바는 그곳이 완전히 다른 종류의 정착지이며 그곳 사람들은 외부인이 거의 이해하기 힘든 듯한 삶을 산다는 점이다. 어느 날 여인은 직접 찾아가보기로 결심하고 여행을 떠난다. 길을 따라 산길로 들어서는 여인은 일생동안 넘지 못한 시야의 한계였던 곳에 서서 처음으로 산 너머를 바라다본다. 이 순간 우리는 이렇게 물을 수 있다. 여인은 이곳까지 무엇을 가져왔는가, 즉 그녀의 지평에서 하나의 점이었다가 이제 또 다른 세계로 열리는 이곳에 이르기까지 그녀는 무엇을 가져왔는가? 우리는 여인이 그러한 지평에 구획된 세계 속에서 살아온 덕에 형성해온 모든 자기 정체성을, 즉 그녀의 언어와 지식, 습관, 감성 등을 가져왔다고 말할 수밖에 없다. 그런 것들은 그녀의 정체성과 특성을 정의한다는 의미에서 그녀의 것이지만, 이는 물론 그녀에게서 유래한 게 아니라 촌락 지역민들의 오랜 역사에서 유래한 것이다. 심지어 지금도 그 지평은 하나의 지평이기를 멈추고 그 너머의 세계로 가는 출입점이 되고 있기 때문에, 여인은 여전히 온통 산들로 둘러막힌 공동체를 통해 형성되는 사람으로서 언제나 자기 공동체의 세계를 스스로 품고 다닌다.

지평 개념

이 이야기에서 산봉우리들의 지평선은 그야말로 모든 개인과 공동체가 살아가는 가다머의 문화적 · 역사적 지평 개념을 은유한다. 그런 모든 지평은 일종의 한계로서 기능하면서, 사람들의 정체성을 형성하는 일단의 신념과 이야기, 관념, 관습, 공유되는 경험, 성향의 윤곽을 그린다. 지평 너머에는 그들이 모르고 상상할 수도 없는 것들, 심지어는 그에 관한 물음을 던질 수도 없는 것들이 있는데, 어떤 방식으로 물음을 던져야할지 혹은 왜 그런 물음을 던지고 싶어 하는지도 모르기 때문이다. 이런 지평의 세계는 언제나 그들의 근원이자 고향으로 존재할 것이다. 지평의 범위 안에는 결코 완전히 바꿀 수 없는 감정과 습관, 감성, 연상 등이 존재하며, 이런 것들이 그들에게 한 문화의 역사를 각인하는 것이다(Gadamer 1990b, 302-4).

하지만 어릴 적부터 동화되어온 문화가 세계를 친숙하게 만들고 삶을 살만하게 만들기 때문에, 지평은 열림을 위한 수단이기도 하다. 지평은 산길처럼 그 자체가 지평 너머를 탐험하는 유일한 수단을 형성한다. **문화적 지평은 물리적 지평처럼 그것을 초월하는 모든 것에 대한 한계인 동시에 열린 기회로도 기능한다.**

건축가와 디자이너는 지평이 인간 심리에 얼마나 깊숙이 자리하는지만을 알 뿐이다. 그들은 지평이 언어에 뿌리박고 있음을 이해하지만, 마찬가지로 몸짓과 몸의 습관에도, 말하자면 사람들이 공적 공간에서 움직이고 함께 모이는 방식, 공적 공간과 사적 공간 사이에서 자신의 삶을 조직하는 방식에도 지평이 뿌리박고 있음을 이해한다. 지평은 이런 차원의 경험과 활동을 따라 일어나는 뭇 감정과 이미지 속에 나타난다. 그것은 어떤 장소가 집처럼 편안하게 느껴지는지, 어떤 장소가 적응하기 어려운지를 결정한다. 건축과 문화의 관계가 책과 문자해독력의 관계와 같다면, 건축가는 문화적 지평들을 자각하고 매개할 수 있어야 한다.

다시 우리의 이야기를 더 깊이 이어가보자. 마을에서 온 여인은 산길에서 내려와 도시를 향해 길을 걷는다. 처음에는 모든 게 이해할 수 없을 정도로 이상하지만, 곧 그녀를 도와줄 수 있는 사람들을 발견한다. 그들은 그녀가 쓰는 언어를 좀 알고 있어서 번역을 해줄 수가 있다. 그들은 여인에게 필요한 것을 예상하고 그에 대처하는 방법을 보여준다. 그 중 일부는 여인의 순진함을 이용해먹기도 하지만, 여인은 진실한 호의를 가려내는 법을 알게 되고 그런 호의를 제공하는 도시민들에게 깊이 감사해한다. 그들에게는 여인에게 없는 기획과 관심이 있지만, 여인은 이런 것들을 아무래도 더 흥미롭게 여긴다. 여인은 이런 삶의 방식을 배우고 싶어 도시에 남기로 결정한다. 시간이 갈수록, 그녀는 이 북적대고 번잡한 장소에서 사람들이 서로와 함께 살아가는 법을 배운다. 새로 사귄 친구들은 그녀가 외부인으로서 갖고 있던 습관들이 무엇인지 알게 해준다. 그녀의 귓가에는 언제나 도시의 소음이 들리고 때로는 도저히 참을 수 없다고 생각하기도 하지만, 촌락보다 도시를 선호하게 만드는 요인들의 목록은 반대로 많아지기 시작한다. 어느 순간 여인은 들리는 말을 더 이상 모국어로 번역하지 않은 채 도시의 언어를 유창하게 말하고 있다. 얼마 지나지 않아 그녀는 그 도시의 언어로 꿈까지 꾼다.

다른 문화나 다른 역사적 시대, 혹은 다른 개인과 같이 뭔가 다른 것의 지평을 만날 때, 그 경험은 자기 고유의 지평을 통해 형성될 것이다. 그 방식은 당사자가 인식할 수 있는 것도 있고 그렇지 못한 것도 있을 것이다. 이렇게 다른 지평을 망각하는 상황에서 뭔가를 행위하고 사유할 것이기 때문에, 이런 당사자는 "선입견에 차있다(prejudiced)"고 얘기된다. 이것은 자기만의 지평에서 내린 가정에 입각하여 행동하느라 새로 만나는 현실들을 전혀 파악하지 못할 수 있단 얘기다. "선입견"이란 말은 어떤 사람이 자신의 가정을 과신한 탓에 역시나 가치가 있는 타인의 다른 기질을 인정하지 않는 경우를 경멸조로 묘사할 때 곧잘 사용된다. 이 말은 자신의 삶을 고집스럽게 좁은 지평들로 국한하는 사람들에게 적절히 오명을 씌운다. 하지만 이러한 경멸적 의미가 종종 너무 폭넓게 사용되어 어떤 지평을 갖는다는 사실 자체를 나무라기도 한다. 하나의 지평이란 그야말로 선입견들의 총체적인 집합이지만, 그 지평 너머에 존재하는 모든 것을 위한 문지방이기도 하다. 선입견들을 뛰어넘는 움직임은 그런 선입견들과 함께 시작할 수밖에 없다. 선입견을 새롭고 낯선 것과 맞닥뜨리기 위한 출발점으로 인식한 채, 자신이 경험하는 것들을 왜곡하는 결과를 낳는 선입견들을 변경하거나 포기해야 한다. 열린 마음을 유지한다면, 새로운 경험과 새로운 발견, 새로운 이해의 순간들이 점차 최초의 가정들을 대체해갈 것이다. 하지만 많은 가정들이 결국 거짓보다 참에 가까웠던 것으로 밝혀질 것이다. 선입견은 그저 미리 판단하는 것이라 잘못된 건 아니다. 어떤 예단(豫斷, pre-judgment)은 결국 참으로 밝혀진다. 그렇다면 "선입견"의 경멸적 의미는 자신의 선입견을 위험에 내맡기지 않으려는, 즉 또 다른 지평과 상호작용하며 자신의 기존 지평을 위태롭게 하지 못하는 이들에게 적용해야 한다. 그런 경멸적 의미를 모든 선입견 자체에 적용해서는 안 된다 (Gadamer 1990b, 277-9).

이런 시각은 가다머가 계몽주의의 "선입견에 맞선 선입견(prejudice against prejudice)"(1990b, 271-3)이라 부르는 것과 대조를 이룬다. 그러한 과학혁명의 수사법은 전통적인 모든 것을 부정적 관점에서 보려고 했다. 프랜시스 베이컨과 르네 데카르트 같은 작가들은 인문 지식의 총체를 미약한 토대 위에 건립된 거대하고 사치스런 건축물로 여겼다. 그들은 이런 건물로 뭔가를 시도하는 게 무의미하다고 보았으므로, 그것을 해체하고 새로운 토대 위에 재건해야 한다고 생각했다. 이런 은유가 얼마나 전통을 총체적으로 거부하는지에 주목해야 한다. 이런 수사법은 모든 전통을 순진하고 선입견에 차있어 신뢰할 수 없는 것으로 취급한다. 그들은 새로운 토대가 또 다른 전통이 되길 원하지 않는다. 오히려 참과 거짓을 자체적으로 증명할 수 있는 기준으로서 과학적인 방법이 되길 원한다(Bacon 1960; Descartes 1993). 하지만 가다머는 이런 계몽주의 사상가들이야말로 이 문제에서 순진함을 드러낸다고 생각한다. 단순히 어떤 방법을 적용함으로써 자신의 지평에서 마술적으로 빠져나갈 수 있다는 생각은 지평들의 현실을 훨씬 더 잘못 파악한다. 그렇게 선입견에서 자유로울 수 있다고 상상하며 살수록, 현실적으로 선입견이 여러 면에서 경험의 해석을 통제하고 있음을 망각할 가능성은 훨씬 높아진다. 선입견에서 벗어나는 방법적 자유라는 생각 자체가 말하자면 일종의 최고로 왜곡적인 선입견으로 기능한다고 할 수 있다.

비슷한 이유에서 가다머의 관점은 대중적으로 널리 퍼진 관용과 다문화주의의 몇몇 개념들과도 대조를 이룬다. 누군가는 차이를 관용하고 심지어 찬미하는 태도만으로 선입견의 문제를 극복할 수 있다고 생각할지 모른다. 그러나 그 차이들을 이해하지 못할 경우, 그런 차이들이 관용할 수 있는 것인지를 어떻게 알 수 있는가? 여기에는 실로 최초의 지평을 넘어서려는 노력을 거의 하지 않는 일종의 감상적 상대주의로 빠질 위험이 있지 않은가? 가다머의 관점에서 보면, 일단의 태도들을 채택하는 것만으로는 이 문제에 충분히 대처할 수 없다. 그 결과는 자신의 비판능력을 버리거나, 다른 관점의 진정한 차이를 접하지 못하거나, 혹은 그 둘 다가 모두 일어나는 것이다. 가다머로서는 진정한 타문화간 관계와 공유된 경험을 구축하는 구체적인 과정에 개입하는 것만이 유일한 대안이다.

이런 관점에서, 가다머가 단순히 선입견의 불가피성과 가치를 승인했다고 비판하는 이들은 요점을 놓쳤음을 분명히 해야겠다. 가다머는 사실 선입견 극복의 과제를 완화한 게 아니라 심화시켰다. 오로지 끈질기고 특수화된 노력만이 왜곡적인 선입견들에 맞선 방향으로 나아갈 수 있다고 주장했기 때문이다. 이 과정에서 핵심은 자신이 불가피하게 어떤 지평 속에서 질문을 던지고 있음을 자각하고,

이런 지평의 본성과 그것을 변경할 가능성은 오로지 또 다른 지평에 개입하는 과정에서만 충분히 실현할 수 있음을 자각하게 되는 것이다.

그런데 이런 과정은 어떻게 일어나는가? 일차적으로는 누적하며 작동하는 해석학적 패턴을 통해 일어난다. 우리의 이야기에서 거론한 여인이 도시의 생활방식을 배우기 시작할 때, 그녀의 첫 시도들은 본인이 원래 갖고 있던 가정들에서부터 일어난다. 그런 가정들이 사물의 의미를 제대로 파악하지 못한다고 이해되는 지점에서, 여인은 자신의 지평을 위험에 내맡기기 시작할 수 있다. 여인은 이 새로운 장소의 관습으로 해결되는 문제들을 이해하기 시작할 것이고, 다음과 같은 인식의 순간들을 맞을 것이다. "시골에서는 그렇게 했었지만, 도시에서는 이렇게 하는구나." 그녀는 생활 방법을 완전히 다시 배울 필요가 없이 일종의 번역을 할 수 있음을 이해한다. 이 과정에서 그녀는 자신의 비판능력을 버리지 않고 이렇게 인식할 것이다. "시골의 악당은 그런 식으로 속이더니, 도시의 악당은 이런 식으로 속이는구나."

이상적인 경우에는 가다머가 '지평융합(Horizontverschmelzung)' (영어로는 대개 fusion of horizons이라 번역)이라 부르는 게 일어난다. 이것은 어떤 새로운 언어를 모국어로 번역할 때 기대었던 총체적인 장치를 더 이상 필요로 하지 않고 그 새로운 언어만으로 생각하고 말할 수 있게 될 때 겪는 경험과 유사한 것이다. 하나의 총체적 지평(즉, 그 속에서 자신의 삶을 살아가기에 충분한 지평)과 관련하여 이런 경험이 일어날 때, 그것은 진정으로 어떤 "이해(understanding)"에 도달한 순간이다. 이때의 이해는 단순히 인지적이거나 언어적인 수준에 머무르는 게 아니라, 실존적 수준에 도달한다. 그것은 자신의 삶에 대한 접근을 떠받치는 토대 자체를 변경한다(Gadamer 1990b, 305-7).

여기서도 그러한 변형은 추상적으로 일어나거나, 단순히 열린 감정과 공감을 키움으로써 일어나는 게 아니다. 변화는 관계들을 발전시키면서 다양한 지평들이 지배하는 장소들 속에서 상호작용하는 과정에서 일어난다. "융합"이란 말은 이러한 변화에서 무엇이 일어나는지 어느 정도 의미를 포착하고 있지만, 그것이 단순히 두 개의 지평이 함께 합쳐짐을 암시한다면 충분한 의미가 되지 못한다. 사실 성공적인 융합이 이뤄질 때는 제삼의 현실이 출현한다. 이러한 제삼의 현실은 두 지평에서 생겨난 것이지만, 그와 동등하게 형성된 새로운 경험과 관계의 산물이기도 하다. 이러한 융합은 언제나 미완의 상태다. 왜냐면 또 다른 개인이나 또 다른 문화에 관해 발견할 수 있는 것들에는 끝이 없고, 가능한 해석학적 인식의 경험에도 끝이 없기 때문이다. 하지만 그 과정은 우리의 시간과 능력에 존재하는 한계 때문에, 우리 생애의 유한한 범위와 기간 때문에 *사실상* 제한된다.

텍스트의 해석

책을 열어보는 사람은 그 책이 마땅히 말할 만한 것에 자신의 맘을 열고 본다. 하지만 그 책이 말할 *수 있을* 종류의 것들에 관해서는 가정을 하게 되는데, 이런 가정은 불가피하게 독자의 꾸준한 해석을 촉발시킬 수밖에 없다. 따라서 텍스트를 읽을 때에는 하나의 지평이 작품에 하나의 접근경로를 부여함과 동시에 해석의 가능성에 최초의 한계를 설정한다. 물론 작품을 쓴 작가도 어떤 지평에서 영향을 받았다. 작가는 무언가를, 말하자면 하나의 이야기이자 사유의 본체를 구체적으로 표현하려고 시도하고 있었다. 작가가 씨름하던 관심사들이 있었고, "진지한 놀이" 활동을 통해 그는 일종의 구체적 표현을 성취했으며, 이러한 표현은 저자의 지평이란 관점에서, 그리고 아마도 그 지평을 넘어서려는 시도 속에서 이루어졌을 것이다. 이런 상황에서도 마찬가지로 **저자에 대한 "이해"는 그저 독자 고유의 지평에 입각한 작품 해석을 뜻하지 않는다. 그것은 일종의 지평융합을**

지향해야 한다.

도시에 새로 오게 된 여인이 도시민의 언어를 터득하기 시작했다면, 도시민과 대화하면서 자신의 가정을 시험해볼 수 있다. 도시민은 그녀가 새로운 이해에 도달하는 길을 적극적으로 안내한다. 하지만 텍스트를 읽는 독자는 저자와 이런 종류의 대화를 나눌 형편이 못 된다. 따라서 이해하려는 노력은 어떤 면에서 상호작용의 결여를 대체하는 것일 수밖에 없다. 가다머는 텍스트 속에서 저자의 과업을 진전시키는 물음이나 탐구의 패턴을 찾는 게 가장 믿을 만한 이해의 방식이라고 본다. 텍스트를 통해 저자의 관심사들을 함께 나눔으로써, 독자는 그런 관심사들이 저자를 움직였던 방향으로 나아갈 수 있게 된다. 여기서 독자는 저자의 심리 속으로 들어가려하지 않은 채 글로 쓰인 것에 충분히 개입하지만, 텍스트의 제재와 맺는 관계를 저자가 맺었던 관계와 유사하게 구축한다. 이 과정에서 독자는 저자가 응답하고 있는 물음이나 저자가 표현하려고 하는 경험을 인식하려고 한다. 독자는 비록 저자와 정확히 대화하진 못하더라도 생산적 대화의 핵심 요소 가운데 일부를 작동시키는 무언가에 관여하는 것이다(Gadamer 1990b, 362-79).

그렇다면 가다머의 텍스트 접근법은 저자의 의도에서 해석의 권위를 찾는 해석이론들과 다르다. 분명히 독자는 저자의 의도를 대략 추측할 수 있고, 그런 추측이 해석의 노력에 유용한 일부가 될 수 있다. 하지만 저자가 부재하고 의도들에 관한 주장이 추측으로 *존재하기* 때문에, 해석의 권위는 다른 곳에서 찾아야 한다. 그것은 저자의 노력을 반영하는 텍스트 속 의미뿐만 아니라, 저자가 관여하는 세계와 그러한 관여를 구조화하는 지평에서도 찾아야 한다. 해석의 권위는 해석자가 이 모든 차원들에 해석학적으로 관여하는 데서 나타난다. 이게 꼭 저자가 부재할 때에만 들어맞는 얘기는 아니다. 예를 들어 시인 골웨이 키넬(Galway Kinnell)은 언젠가 한 편의 낭독을 마친 후이어진 청중 질문시간에 자신의 작품에 나오는 어느 한 구절을 설명해달라는 질문을 받았다. 이 질문은 언제나 이 시인을 당황하게 했던 질문이었다. 청중석의 질문자는 "그 구절이 정확히 무슨 의미인지 물어보려고 몇 년을 기다려 왔습니다"라고 말했고, 키넬은 실망스런 답변을 들려줬다. "저는 그 구절의 의미를 말하기에 사실 적합한 사람이 아니라고 생각합니다. 제가 뭘 의미하고 싶어 했는지를 해석한다면 그렇게 색깔이 입혀질 테니까요. 제가 매우 편견에 쌓이게 되겠지요." 키넬은 여기서 그의 의도가 의미에 대한 최상의 척도임을 부정하는 대신, 시에서 의미를 포착하려는 노력이 쉽지 않음을 지적하고 있다. 만약 단순하게 답을 줬다면 질문자는 해석의 노력에서 벗어났을 테지만, 키넬은 질문자가 다시 그러한 노력에 상호적으로 관여하도록 이끄는 답변을 한 것이다.

가다머는 저자의 의도가 갖는 권위를 제한함으로써 텍스트의 의미에 대한 주관주의적 접근에 저항하지만, 저자를 주로 그가 살던 시대의 산물로서 취급하는 객관주의적 접근에도 역시 반대한다. 표면상 경험주의적인 이런 접근에 따르면, 우리는 저자 자신이 스스로를 이해한 것보다 사후에 그를 더 잘 이해할 수 있는데 역사연구의 도구들이 사실을 자각하지 못하는 저자를 감화시켰을 문화적 경향과 영향에 대한 지식을 제공하기 때문이다. 이러한 사후적 관점의 가치 개념에는 분명 모종의 진실이 있지만, 가다머가 보기에 이러한 접근은 해석학적 문제의 몇 가지 핵심 요소들을 간과한다. 첫 번째 요소는, 우리가 저자의 주관성 속으로 들어가 텍스트를 해석할 수는 없어도 텍스트가 역사의 힘들을 걸러냄과 동시에 자유를 실천하는 인간 주체의 산물로서 *존재함*을 잊지 말아야 한다는 점이다. 두 번째 요소는, 객관주의적 접근이 역사를 진보의 행진으로, 즉 "이제 우리가 더 잘 안다"는 식으로 상상한다는 점이다. 하지만 사실 역사의 운동과 더불어 일어나는 건 지평의 변화들이어서, 우리는 결코 똑같은 것을 더 잘 아는 게 아니다(Gadamer 1990b, 192-3, 204-12). 오히려 우리는 다른 물음과 가정, 기대, 틀, 목적 등으로 다르게 사건에 접근한다. 따라서 이러한 지평의 변화들을 조명하는 해석학이 필요하다. 게다가 시간이 지날수록 지식의 신장뿐만 아니라 손실도 일어난다. 우리에겐 더 이상 또 다른 시대의 텍스트를 이해하는 데 필요한 배경 같은 게 없을 수 있다. 우리는 저자가 이해했던 것과 다르게 텍스트를 이해하게 되는데, 어떤 면에서는 이해를 더 잘할 것이고 어떤 면에서는 더 못할 것이다. 하지만 그 과정에서 지평들이 수행하는 역할을 파악하지 않는다면, 모든 종류의 해석적 함정에 빠지게 될 것이다.

그렇다면 가다머의 해석학이 추구하는 목적은 텍스트가 만들어진 원래의 세계나 저자의 맘속으로 돌아가는 게 아니며, 어떤 더 높은 관점에서 저자를 평가하는 것도 아니다. 무엇보다 그 목적은 텍스트가 텍스트 자체의 지평 속에서 말하는 걸 넘어, 현재의 삶 속에서 텍스트의 의미를 파악하려는 우리의 지평과 교감하며 다시 말하게 하는 법을 익히는 것이다. 이런 관점에서, 가다머는 해석이론의 발달사에서 "적용(application)"의 문제가 어떻게 다뤄져왔는지에 깊이 천착한다(1990b, 307-11). 해석학적 문제의 틀은 원래 법학과 성경 연구 같은 분야에서 처음으로 설정되었는데, 그 요점은 단순히 텍스트의 의미를 개념적으로 파악하는 데 있었던 게 아니라 그 텍스트를 살아가는 공동체 속에서 어떻게 유효하게 만들 것인지를 아는 데에 있었다. 바로 이러한 적용의 문제를 가다머는 모든 텍스트의 해석으로 확장한다. 모든 해석은 삶의 지평 속에서 일어나므로 적용의 차원을 수반한다는 것이다.

지평과 역사

철학적 해석학의 관점에서 볼 때, 역사 연구의 한 가지 아이러니는 지평들이 과거에 대한 접근에 한계를 부과하는 동시에 과거의 산물이기도 하단 점이다. 하지만 역사 연구에서 출현하는 이러한 아이러니에는 해석학적 난제를 해결하는 실마리가 놓여있다. 이미 보았듯이, 가다머 해석학에서는 또 다른 지평에 접근하려면 해석자 고유의 지평이 갖는 특질들을 드러낼 필요가 있다. 하지만 역사적 맥락에서는 현존하는 지평이 과거의 영향을 반영하기 때문에, 해석자의 지평을 전유하는 것은 다른 지평을 발견하는 것과 부분적으로 동일하다. 달리 말해 해석자는 과거가 자신의 현재적인 세계 경험을 형성하는 방식들을 통해 과거와 조우할 수 있다. 과거와 현재의 이런 관계를 일컫는 가다머의 용어는 번역하기 까다로운 단어인 '영향사(Wirkungsgeschichte)'다. 이 말은 말 그대로 "영향사(effective history)"나 "영향들의 역사(history of effects)"이기도 하고, "역사의 영향(influence of history)" 혹은 "역사의 작용(working of history)"이기도 하다(Gadamer 1990b, 300-302). 이러한 말들은 저마다 독일어 의미의 일부를 포착하지만, 그 중 어느 것도 완전히 포착하지는 못하며 어느 것도 영어로는 썩 자연스럽게 들리지 않는다.

우리는 앞서 거론한 이야기에 나오는 여인이 역사의 영향들을 자각하게 되는 시점에 도달한다고 상상해볼 수 있다. 도시민들의 언어를 배우기 시작한 여인은 도시 말의 일부가 자신의 본토 말과 같고 또 어떤 말은 조금만 다르다는 걸 알게 된다. 게다가 그 공통의 말들이 도시에서 만들어진 것들을 지칭하는 경향이 있거나 도시를 지나는 무역경로들을 따라 전해졌다는 걸 깨닫기 시작한다. 여인은 도시와 시골의 역사가 많은 면에서 그녀의 본토 말 속에 침전되어 있음을 이해하기 시작한다. 이런 사실을 자각한 그녀는 이제 새로운 방식으로, 자기만의 지평이 지닌 자원 속에서 도시 세계의 의미를 인식하는 법을 찾아낸다. 이러한 경험은 그녀에게 지속적인 질문을 제기한다. 내가 시골에 살 때 또 어떤 것이 도시의 징표를 담고 있었을까? 이 도시는 그동안 내 삶에 또 어떻게 다른 영향을 미쳤을까?

일단 가다머의 지평 개념을 파악했다면, 지평들을 형성하는 과정에서 역사가 하는 역할을 통찰하기도 꽤 수월해진다. 이미 보여준 것처럼 간단한 예를 들기는 상대적으로 쉽다. 하지만 이를 사유 속으로 통합하기란, 말하자면 습관적인 "영향사적 의식(Wirkungsgeschichte Bewusstsein / consciousness of effective history)"으로 발전시키기란 훨씬 더 어렵다. 그러려면 모든 사유와 행위 속에서 역사적 차원에 대한 자각을 발전시켜야 한다(1990b, 301-2). 이런 자각이 인간사회의 학술연구에서 흔해진다면, 학술연구는 현재와 매우 다른 형식을 보이게 될 것이다. 전문성과 과학적 독립이라는 수사법 뒤로 숨는 게 아니라, 연구의 가정들을 표면으로 드러내려고 노력하는 연구자들을 상상해볼 수 있다. 이런 연구자들이라면 역사가 자신들의 지적 지평을 형성해온 방식을 통찰하기 위해 그런 가정들을 캐내는 모습을 보여줄 것이다. 특히 역사가들은 현재의 가정들이 어떻게 과거의 이해를 가로막는지, 또 어떻게 과거를 이해할 기회를 제공하는지를 훨씬 더 분명하게 탐구할 수도 있을 것이다.

철학적 해석학에서 과거의 해석은 언제나 기억을 재생하는 일이다. 해석자는 현재 속에서 과거의 무언가를 복원하면서, 과거와 현재를 모두 끌어온다. 역사는 우리에게 항상 균질하게 남아있는 진리를 전해주지 않는다. 역사는 어떤 단일한 집합의 물음들을 전하지도 않는다. 모든 사유와 모든 질문은 어떤 표현 수단 속에서 정식화되고, 각각에는 지울 수 없는 어떤 지평의 징표가 담긴다. 진리가 지평을 초월하는 이유는 진리가 새로운 지평 속에서 새롭게 인식되기 때문이다. 진리가 인식되는 방식은 예술작품의 경험에서 친숙한 의미가 인식되는 방식과 유사하다. 가다머는 이런 주장을 할 때 하이데거의 진리 철학을 원용한다. 하이데거는 종종 진리를 고대 그리스어 'aletheia(알레테이아)'로 명명하는데, 이 말은 결코 완성되지 않으면서도 언제나 그 주위에 "닫힘(closure)"을 수반하는 드러냄(uncovering / disclosure)을 암시한다(Gadamer 1994, 63-4). 가다머에게도 역시 역사적 진리는 언제나 유한하며, 시간이 지날수록 진리는 늘 과거로 이어지는 길을 잃어버린다. 지평은 열리지만, 동시에 닫히기도 한다.

많은 논평자들이 그랬듯이, 역사적 진리에 대한 가다머의 관점이 그 자체로 역사적 상대주의를 내포하지 않느냐고 물을 수도 있으리라. 이것은 진리가 그것이 드러나는 배경인 특정한 역사적 문화를 초월할 수는 없다는 인식에서 나온 적절한 물음이다. 수많은 논평자들은 가다머가 분명히 그런 상대주의의 함정에 빠진다고 보았다. 그들이 옳다면, 이 사실에는 아이러니가 존재하게 된다. 왜냐면 가다머는 분명 빌헬름 딜타이(Wilhelm Dilthey)와 에른스트 트뢸치(Ernst Troeltsch) 같은 역사서술가들을 병들게 한 "역사주의에 대한 연루"를 극복하는 수단으로서 자신의 해석학을 제안하기 때문이다. 가다머에 따르면, 이런 사상가들은 훌륭하게도 지평의 역할을 넓고 깊게 이해했지만 지평들이 열림의 형식이기도 함을 몰랐던 게 오류였다. **지평들의 열림은** — 분명 유한하지만 — **지속적인 재발견과 재정식화를 통해 진리를 영속시킬 여지를 만들어낸다.** 그 속에서는 언제나 동일성과 차이가 혼합하지만, 양자의 결합은 진리가 "다시 말할" 수 있게 해준다.

여기서 (비록 완벽히 닮은 경우는 결코 아니지만) 알버트 아인슈타인(Albert Einstein)의 경우와 비교를 해볼 수 있다. 아인슈타인이 이론 물리학에 끼친 주된 기여는 상대성이론이었지만, 아무도 아인슈타인에게 대중적 관점에서 "상대주의자"의 혐의를 묻지 않는다. 왜 묻지 않을까? 그가 비록 우주의 모든 운동에 대한 단일한 보편적 준거 틀의 존재를 부정하긴 했지만, 그럼에도 다양한 관성적 준거 틀들을 가로질러 물리법칙을 전환(transposition)하는 지배규칙을 밝혀냈기 때문이다. 이처럼 해석학도 지평들을 가로지르는 전환적 활동이라고 말할 수 있을 것이다. 하지만 그러한 전환의 복잡성이 어떤 단일 집합의 규칙들을 규정하지 못하게 한다. 따라서 그러한 노력 자체에서 전환의 수단을 발견할 수밖에 없다.

소크라테스적 담화의 한 특징에 비할 수 있는 또 다른 (그리고 더 적절한) 비유가 있다. 소크라테스는 언제나 놀라운 신선함과 아이 같은 열정으로 새로운 철학적 대화에 돌입한다. 그 대화는 소크라테스가 오래 전에 자기 맘을 정한 문제들을 논하는 것일 수 있다. 하지만 그는 언제나 가르침을 받고 논박당할 기회를 반긴다. 많은 경우 이런 장면들은 희극적인 분위기를 자아내는데, 독자는 소크라테스의 대화 상대가 매우 혼란스러워하며 아무것도 가르칠 게 없음을 바로 이해할 수 있기 때문이다. 하지만 그렇다고 소크라테스의 진실성을 의심해서는 안 된다. 소크라테스에게 진리란 일단 그것에 도달하고 나면 결코 다시 문제시해선 안 되는 종류의 의견이 아니다. 반대로 진리는 새로운 통찰과 만나면서, 또한 아주 다른 관점을 지닌 사람들과 대화를 통해 계속해서 다시 시험에 부쳐짐으로써 진실하게 남는다. 진리가 오로지 대화 속에서만 살아있다고 확신하는 소크라테스는 언제나 다양한 지평들의 현실과 투쟁할 필요성을 직관적으로 파악한다.

여기서도 가다머는 우리가 진리를 부분적으로 파악할 뿐이라고 말하지만, 이것은 상대주의를 포용하는 게 아니라 인간 존재로서 우리가 유한하다는 요점을 분명히 하는 것이다. 진리가 다양한 맥락에서 동일하게 인식되는 한 진리에는 어떤 통일성과 항상성이 존재하지만, 그런 맥락들에는 불확정적 변이가 나타나곤 할 것이다. 말하자면 언제나 진리를 완전히 파악할 수는 없다는 것이다. 이런 진술은 염세주의적으로 보일 수 있지만, 그럼에도 이러한 무한한 가능성 안에 우리가 사랑하는 무언가가 있다. 그 무언가는 우리가 "고전적(classic)"이라고 부르는 작품과 관련하여 중시되는 것이다(Gadamer 1990b, 287). 우리는 하나의 고전으로 계속해서 다시 돌아감으로써, 전에는 있다고 생각지 못한 다른 의미들을 더 발견할 수 있다. 고전의 진리는 끝없이 다양한 함축적 의미들을 꽃피우는 걸로 보인다.

건축이론에서 해석과 역사

모든 건축이론가는 건축이 과거와 어떤 관계를 맺느냐는 물음과 씨름해야 한다. 이 물음은 현대건축이 그러한 과거와 근본적 단절을 시도한 덕에 훨씬 더 문제적인 물음이 되었다. 가다머는 이러한 수많은 이론가들의 작업과 관련이 있다. 물론 그런 이론가들이 꼭 가다머를 공공연하게나 의도적으로 원용하는 건 아니지만 말이다.

카스텐 해리스는 건축이 직면하는 과제가 "우리 시대에 유효한 삶의 방식을 해석하기"(Harries 1997, 2-4)라는 지크프리트 기디온의 주장에서 출발한다. 그런데 이 주장은 명백히 두 개의 물음을 제기한다. 즉 "건축은 어떻게 해석을 하는가?", 그리고 "우리 시대에는 어떤 삶의 방식이 유효한가?" **해리스는 건축이 어떤 문화적 에토스—한 공동체의 활동에 널리 스며있는 성격이나 정신—를 구현하는 식으로 해석을 한다는 생각에 이끌린다.** 이를 그는 건축의 "윤리적 기능(ethical function)"이라고 부른다. 해리스는 하이데거의 실존적 해석학이 갖는 의의가 크다고 보는데, 하이데거의 사상이 비록 전통적이라 부르기엔 너무 독창적이고 논쟁적임에도 불구하고 철학사 전체를 관통해온 관심들에 완전히 몰두하기 때문이다. 하이데거는 땅 위에 사는 인간의 궁극적 관심사에 말을 거는 시적 언어를 통해 건축에서 의미의 깊이를 표현하는 새로운 가능성을 보여준다. 하이데거의 정식들은 궁극적 관심사에 대한 전통적인 물음들을 상기시키지만, 과거의 종교적 신념과 형이상학적 가정을 반복하지는 않는다. 이렇게 보면 하이데거는 현 시대에 건축이 해석을 할 수 있는 길을 드러낸다고 할 수 있다.

하지만 하이데거가 건축을 위해 암시하는 방향에는 한계가 있다. 하이데거의 사유는 언제나 그만의 철학적 목적을 염두에 두는 만큼,

건축의 의미를 다룰 때에도 그의 목적은 건축의 철학을 제시하기보다는 건축의 의미 방식들을 그의 더 큰 철학적 기획인 존재 의미의 사유를 향해 이끌고 간다. 게다가 하이데거가 사용하는 사례들―그리스 신전과 블랙포레스트(Black Forest) 농장주택―은 해리스가 다루는 현대적 이슈들에 말을 건네지 않는다. 사실 하이데거의 사례들은 모더니즘에 맞서는 반동이자 나치 이데올로기와 공명한다는 점에서 경계할 필요가 있는 일종의 낭만주의를 암시한다(Harries 1997, 157-66).

노르웨이의 건축사가 겸 건축이론가인 크리스티안 노르베르그-슐츠(Christian Norberg-Schulz, 1926-2000)는 하이데거가 간략하게 제기했던 건축의 물음을 폭넓게 적용하는 중요한 역할을 수행했다. 『장소의 혼(Genius Loci)』과 『거주의 개념(The Concept of Dwelling)』 같은 책들에서 노르베르그-슐츠는 교량과 같은 건축적 창조물이 풍경의 의미 차원을 모으는 방식을 구체화한 하이데거의 논의로 시작한 다음, 역사적 맥락 속에서 장소의 정신에 관한 물음을 제기하는 실마리 같은 사례들을 활용한다. 하이데거에서 출발하는 노르베르그-슐츠는 경로와 장소, 땅과 하늘, 땅의 풍경 속에 자리 잡는 향, 그러한 자리 잡음이 풍경에 가하는 보충적 첨가와 같은 상징 유형들을 탐구하는 방향으로 나아간다. 이렇게 의미를 띤 형태들의 유형학은 모든 건물에서 의미 기능을 정당화하고 "땅 위에 거주하기"의 의미를 설계와 시공의 모든 차원으로 되돌리려고 한다. 이러한 접근은 건축의 "구상적(具象的, figurative)" 측면을 회복하려는 접근이기도 하다. 전통건축의 구체적 형상과 외형은 환경 속의 인간적 체험과 강력하게 연결된다. 따라서 그런 구체적 형상을 버린 20세기 건축 유형에 대중이 쉽게 적응하지 못하는 건 놀랄 일이 아니다(Norberg-Schulz, 1979; 1985).

하지만 데이비드 레더배로우(David Leatherbarrow)는 노르베르그-슐츠처럼 구상적 요소들의 관점에서 현재와 과거의 연속성을 정의할 때

아돌프 로스의 "로스하우스", 빈 미하엘 광장

건축을 스타일로 환원하게 되고 건축이 실무자들에게 부여하는 다양하면서도 통합적인 일단의 독특한 난제들을 보지 못하게 된다고 본다(Leatherbarrow 1993, 80-81). 노르베르그-슐츠 못지않게 건축과의 인간적 연계에 관심을 두고 건축 역사에 몰두하는 레더배로우는 해법들이 취하는 특정한 형태에서가 아니라, 건축이 인간적 필요와 욕망에 맞춰 해결해야 하는 끊임없는 문제들 속에서 연속성을 찾고 싶어 한다. 일단의 똑같은 문제들에서 아주 달라 보이는 해법들이 나올 수는 있지만, 그 결과에는 어느 정도 등가성(等價性, equivalence)이 존재한다. **한 건물을 그 시대와 관련하여 해석하려면 그 건물이 응답하는 물음들을 찾아내야 한다.** 이런 물음의 사례로는 건물을 대지에 어떻게 앉힐 것인가, 적절히 에워싸는 구조를 어떻게 상상해낼 것인가, 재료의 잠재력을 어떻게 실현할 것인가 등이 있을 것이다. 레더배로우는 빈의 미하엘 광장에 있는 아돌프 로스의 유명한 건물("로스하우스")에서 생생한 사례를 제시한다. 장식보다 깔끔한 선을 선호하면서 장식적인 모양내기보다 재료에 내재하는 아름다움을 드러낸 이 건물은 건축의 특성을 시각적 스타일과 동일시하던 당시 분위기에서 대중적 분노를 불러일으켰다(1993, 58). 그러나 이것은 로스의 건물이 주변의 오래된 건물과 똑같은 문제를 다루면서 서로 모순되지 않는 종류의 해법을 재현한다는 걸 간과한 분노였다.

이런 주장에 비추어볼 때, 레더배로우는 건축이 과거와 현재에 어떻게 관계하느냐는 물음에 대해 하이데거보다는 가다머에 가까운 접근을 취한다고 볼 수 있을 것이다. 가다머가 현대적이고 실험적인 예술에 열린 태도를 취하듯이, 레더배로우는 건축 작품을 이해하며 일체감을 느낄 수 있게 해주는 인식도 불분명할 수 있다고 주장한다. 작품과 연대감을 형성하려면 사전에 어느 정도 작품에 관여할 필요가 있을 것이다. 하지만 작품에 관여하다보면 그것이 활용하는 유산뿐만 아니라 거기에 독특한 특성을 부여하는 창조성까지 음미하게 될 수 있고, 이렇게 작품의 창조적 요인들에 관여하는 과정에서 심오하고 개인적인 연대감이 일어날 수 있다.

레더배로우의 책 『평범하지 않은 땅(Uncommon Ground)』은 건축 디자인의 역사에서 지평의 지형학적 개념이 어떻게 발전해왔는지를 살펴봄으로써, 가다머 철학의 지평 개념에 비추어 흥미로운 결과를 보여준다. 예를 들어 레더배로우는 건축가가 지평의 역할에 주의를 기울이면 지나치게 구속적인 공간 디자인에 저항하기에 더 좋을 수 있다고 말한다. 지평은 대지에 정박하여 장소를 정의하는 데 기여할 뿐만 아니라, 우리를 즉각적인 것의 너머로 이끈다. 지평은 후퇴한다는 점에서, 그리고 후퇴함으로써 겹겹으로 구조화된 환경의 제약적인 응집성을 깨뜨린다는 점에서 일부 의미가 있다(2000, 159, 173). 여기서도 레더배로우가 디자인에서 지평이 해온 역할의 역사에 관심을 갖는 것은 건축의 역사 속에서 현대 디자인 실무가 핵심 요소를 발전시킬 수 있는 방법을 생각하려는 노력의 일환이다. 특히 그는 다음처럼 가다머의 느낌이 나는 진술을 한다. "전통은 이제 과거가 된 것에서 죽은 믿음을 재현할 수도, 여전히 시의적으로 보이는 것 속에서 생생하게 되살아난 믿음을 재현할 수도 있다"(275). 애드리언 스노드그래스(Adrian Snodgrass)와 리처드 코인(Richard Coyne)도 이런 주장을 하는데, 그들은 훨씬 더 공공연하게 가다머를 원용한다. 그들이 보기에 가다머는 설계 활동에 불가피하게 깃드는 역사적 사유를 설명하면서도, 단순히 과거를 회상하는 게 아니라 과거의 통찰을 현재와 미래로 이끄는 역사적 사유를 긍정하고 육성하는 방식을 제시한다(Snodgrass and Coyne 2006, 131-46).

종교 건축의 해석학

종교 건축(sacred architecture)은 인간이 우주 속에서 차지하는 위치와 그 너머의 초월적 지향을 상징하는 특별한 지위를 지닌다는 점에서 언제나 예술사가들의 주된 관심의 대상이었다. 종교 건축은 하나의 문화가 건조 환경을 통해 구체적으로 모습을 드러내는 가장 포괄적인 형식에 속한다. 최근 들어 가다머의 작업은 종교 건축을 해석하는 현상학적 접근을 지속적으로 발전시키는 영향력을 구가해왔다. 예술사가는 자신이 연구하는 작품들을 역사적 사실이자 예술로서 다뤄야 하는 과제에 봉착한다. 작품을 *예술로서* 경험하려면 예술사가 스스로의 지평을 끌어들여야 하지만, 그러한 자신의 근원적 지평의 관점에서 작품을 이해하려면 그와 다른, 아마도 꽤나 이질적인 지평들을 향해서도 열려있어야 하기 때문이다. 이런 문제에 봉착한 예술사가는 다음과 같은 고전적인 해석학적 물음에 부딪히게 된다. 어떻게 지평들의 역사적 차이를 존중하면서도 작품들의 지속적인 힘과 현재적 의의를 이끌어낼 것인가?

이 문제에 대해 가다머의 사유가 암시하는 몇 가지 기본 사항을 분명히 밝혀야겠다. 적어도 이 문제는 상징적인 형태나 원형의 분류 도식을 개발하는 많은 입장들처럼 문화적인 자기해석을 역사적으로 고정하는 입장을 취해서는 풀리지 않는다. 그런 전략이 패턴과 유사성, 역사적 경향 등을 파악한다는 점에서는 꽤 정당성을 확보할 수 있겠지만, 그러한 분류 도식은 다른 지평들의 의미를 그저 자체적인 범주에 끼워 맞추기 때문에 이해를 돕는 만큼이나 덮어버릴 수도 있다. **과거의 성스러운 상징들이 이야기하는 대상은 하나일 리가 없으며, 나비처럼 표본화된 의미로 고정된 것은 사실 상징으로 기능할 수 없다.** 상징의 원 제작자들이 상징을 어떻게 경험했을까를 상상하려고 시도하는 낭만주의적 대안에 대해서도, 가다머는 이런 기획이 대개 꾸며낸 재구성, 즉 여기서도 다른 지평과 만나기보다는 자기 지평의 원천들로 만들어낸 재구성일 수밖에 없다고 비판했을 것이다.

따라서 린제이 존스(Lindsay Jones)와 토마스 배리(Thomas Barrie)의 작업에서는 형식적인 역사분석을 활용하면서도 장소에 대한 가다머의 유산이 깃든 해석학적 "중간지대(middle ground)"를 추구하는 시도를 볼 수 있다. 여기서 말하는 가다머의 유산이란 이해를 탐문할 순 없어도 이해로*부터* 출현해야 하다는 것, 즉 상징들의 의미가 기꺼이 자기 고유의 지평을 들여다보고 자신의 연구 지평들이 도전받을 수 있게 하는 대화의 방향 속에서 떠오르리라는 것이다(Jones 2000; Barrie 2010).

현재 디자인에서 건축의 과거

가장 확실한 모더니스트 건축가조차도 과거와 일종의 연속성을 추구한다. 예를 들어 국제양식의 순수한 기하형상은 고전적 형태의 정수(精髓)로 읽어낼 수 있다. 고대 건축가들이 꿈꾸기만 했었던 기념비성이 근대적 마천루를 통해 볼거리를 만들어내는 방식으로 실현된

H. H. 리처드슨이 설계한 삼위일체 교회와 헨리 N. 코브가 I. M. 페이 건축사무소를
대신하여 설계한 존 핸콕 타워, 보스턴

다. 고대 그리스의 광장과 법정 건축에서 상징되던 민주주의는 오늘날 사람들의 주거 공간을 폭넓게 보급하는 모듈형 디자인에서 더 직접적으로 구현된다. 이렇게 역사성을 고려한 의도를 찾기는 어렵지가 않지만, 그것이 성공했는가의 여부는 더 모호한 문제다. 건물을 접하는 사람들에게 건축을 인식시키려는 많은 모더니즘적 시도들이 자체적인 목적 달성에 실패한다. 많은 건물이 완공 후 수십 년이 지나도 여전히 관심을 받지 못하거나, 경멸이나 논쟁의 대상으로 남는다. 유명한 일례로, 헨리 N. 코브(Henry N. Cobb)가 I. M. 페이 건축사무소(I. M. Pei and Partners)를 대신하여 보스턴 코플리 광장에 설계한 존 핸콕 타워를 들 수 있다. 이 건물에 인접한 H. H. 리처드슨의 삼위일체 교회(Trinity Church)(1872-7년 설립)는 명백하게 유럽 건축을 원용하면서, 유럽의 유산을 확실히 미국적인 방식으로 전유하기 위

마이클 그레이브스의 포틀랜드 빌딩, 오레곤 포틀랜드

해 매우 재현적인 전통 디자인 요소들을 다양하게 적용한다. 반면 코브의 1976년 사무소 타워는 유리 커튼월로 삼위일체 교회의 입면을 반사하며 과거를 반영하는 전혀 다른 접근을 취하는데, 고층으로 올라갈수록 하늘을 반사하며 교회 첨탑의 선들을 허공으로 연속시킨다. 이를 비난하는 사람들은 그렇게 장소와 터무니없이 어긋나는 현대 구조물이 성스러운 대지의 순수성(integrity)을 파괴한다고 보지만, 옹호하는 사람들은 그런 구조물이 또 다른 종류의 순수성을 제공한다고, 즉 역사적인 대지를 방문하는 이들은 현대인일 수밖에 없고 역사적인 건물들을 매우 현대적인 눈으로 이해할 수밖에 없음을 정직하게 주장한다고 본다.

모던과 포스트모던 건축가들은 모두 역사적인 건축을 명백하게 참

스티븐 홀의 성 이냐시오 교회, 시애틀

고한 경우가 많았다. 전통주택 양식들은 여전히 가장 인기 있는 주거양식이며, 뉴 어바니즘(New Urbanism)은 이에 저항하기보다 이런 양식을 온전히 수용한다. 필립 존슨과 마이클 그레이브스, 로버트 벤투리, 찰스 무어 같은 많은 건축가들은 1980년대에 역사적 형태를 풍부하게 인용하면서, 모더니즘과 역사적 준거를 내세우는 복합적인 방식을 개발하고 장식 요소를 유희적으로, 때로는 풍자적으로 결합하여 과장하기 시작했다. 이런 양식에서는 건축가의 역사적 관심이 얼마나 진정한 것인지를 알기 힘들 수 있다. 이런 건물은 모더니스트를 향해 자신들의 모더니즘을 알리는 동시에 대중의 전통적 감성에도 맞춰 놀이할 수 있지만, 그런 양식이 추구한 게 현대적인 것과 역사적인 것의 종합인지 아니면 오히려 양자의 유산에서 모두 벗어나는 것인지는 의문스럽다.

뭔가 아주 다르면서도 훨씬 더 분명한 해석학적 방식으로 역사를 집목하는 사례는 스티븐 홀의 1997년 작인 (시애틀대학교의) 성 이냐시오 교회다(Holl 1999). 이 프로젝트에서 홀이 추구한 목적 중 하나는 근대적인 것과 결별하지 않은 채 그것을 인간화하는 것이었다. 이 건물의 프로그램은 의례적으로나 건축적으로나 상징성이 풍부하고 오랜 천주교의 유산을 반영하는 디자인을 요청했다. 그 결과 즉각 눈에 들어오는 것은 미니멀리즘적인 직사각형 평면으로 단순하게 배치되어 연못에 형상이 반사되는 건물의 모더니즘이다. 콘크리트 벽의 절제감은 지붕선의 조각적인 자유와 균형을 이루면서, 건물의 첫 인상 속에서도 역동적 긴장을 만들어낸다. 홀은 건물을 관통하며 움직이는 경험을 상상한 수채화 스케치들을 그린 후에 바닥평면을 개발함으로써, 신체가 건물을 관통하며 일어나는 양자의 관계와 시점의 전개를 우선시했다. 많은 공예품을 통합하는 데서 인간의 손맛이 분명히 드러나는데, 출입문과 제단, 세례단에는 해머로 두들겨 성형한 삼나무가 쓰였고, 벽에는 손의 문양을 입힌 벽토가, 조명에는 입으로 불어 만든 유리가 쓰였다. 이 공간에서 표면들을 응시

성 이냐시오 교회

하다보면 마치 사람들을 마주하는 듯한 느낌이 들기 시작한다. 역사적 연상은 바로 인식하지 못할 수도 있으나, 건물과 교감을 나누다 보면 점차 떠오르게 된다. 로마 교회에서 볼 수 있는 석재의 따뜻한 색조를 콘크리트 착색재에서도, 육중한 바깥 출입문의 감촉을 통해서도 느낄 수가 있다. 착색유리를 그것을 반사하는 숨겨진 착색표면들과 함께 신중하게 활용함으로써 조화로운 색의 분위기를 만들어 내고, 이런 분위기가 열린 평면의 다양한 구역들마다 독특한 성격을 부여한다. 공기 중을 표류하는 색들은 근대 이전 교회들의 고요한 분위기를 연상시키고, 그와 동시에 창문의 색상들이 이루는 모양, 혹은 벽이나 바닥에 튀긴 색상들은 매우 모던한 절대주의 회화를 닮아 보일 수도 있다. 천장의 아치 형태는 결코 전통적인 궁륭을 공공연하게 모방하지 않지만, 그런 궁형들 못지않게 열망을 담아 수직 상승한다. 제단의 다리는 대부분의 각도에서 특이하게 보이지만, 똑바로 보면 알파와 오메가의 형상을 취하고 있다. 이런 사례에서 역사는 마치 현대적인 것 속에서 공명하듯 현존하는 것처럼 느껴진다. 이러한 역사적 연상들의 인식은 작품의 깊이를 더하는 차원으로서 떠오른다. 이러한 깊이의 차원은 건물의 디테일이 친숙해짐에 따라 더 깊이 펼쳐진다. **그렇게 펼쳐지는 인식의 순간들 속에서, 현재 위에 쓰인 과거의 수많은 표지들을 발견하는 경험을 하게 된다.** 그것은 떠오르는 영향사적 의식에 대한 유비 혹은 알레고리를 형성한다.

최고의 추상예술이 그러하듯이, 이 건물 속에서 나타나는 형태들의 추상은 작품 속 이미지들의 다양한 가치를 고양하는 데 성공한다. 이러한 성공은 부분적으로 감각적 특질을 강조한 데서 비롯한 결과다. 모든 표면은 공간 속의 생생한 공동체적 특질에 기여하는 성격을 띤다. 이러한 효과에 핵심적인 것은 작품의 디자인이 처음부터 끝까지 서사와 은유를 중심으로 구성되었다는 사실이다. 하나의 석제 상자 속에 담긴 다양한 착색유리 배들의 이미지는 위에서 내리쬐는 빛의 고전적인 상징적 특질만큼이나 초기에 영감을 받은 것이었다. 예를 들어 건물 내부에서 유광콘크리트 바닥에 반짝이는 빛은

성 이냐시오 교회

성 이냐시오 교회

물의 표면을, 상승하는 흰 벽의 완만한 곡선은 부풀어 오르는 돛을 연상시킨다. 어떤 디자인 요소들은 대개 암시적인 방식으로 성 이냐시오가 살았던 삶과 그의 영적 가르침 중 일부인 상상수련(imaginative exercise)의 이미지들을 활용한다. 그런 방식으로 이 교회는 시각적이고 건축적인 전통뿐만 아니라 성경적이고 시적인 전통과도 연결된다. 이런 암시들은 서양과 천주교의 전통과 연결되는 만큼 다른 전통 종교들의 명상공간과도 그리 무관하지 않다. 예를 들어 반사연못의 검소한 기하학 속에 돌 하나만을 두는 것은 선불교의 암석정원을 연상시킨다. 그런 방식으로 숭엄한 역사들이 바로 이러한 "비전통적" 장소를 통해 되돌아온다.

Chapter 4

과학시대의 인문주의

70세의 소크라테스가 고대 도시 아테네의 한 감방에서 국가가 내리는 처형을 기다리며 앉아있었을 때, 그는 가장 가까운 몇몇 친구와 함께 자신의 지적 여정을 되돌아보았다. 플라톤이 전하는 바에 따르면, 소크라테스는 젊었을 적 자신이 자연의 경이에 얼마나 심취했었고 우주의 가장 내밀한 원리를 설명한 현인들의 책을 얼마나 열심히 탐독했는지를 묘사한다. 하지만 그는 곧 이런 사상가들이 묘사하던 우주가 순수한 기계적 시스템이라는 점에 실망하게 되었다고 말한다. 이러한 기계론적 우주에서는 인간의 이해와 의도가 아무런 설명력을 갖지 못했고, 좋은 것(선[善], the good)과 아름다운 것(미[美], the beautiful)의 자리는 일관되지 못했다. 심지어 "마음(心, mind)"이 모든 걸 좌우한다고 말한 아낙사고라스(Anaxagoras)조차도 무심(無心)한 기계적 수법들로 이런 주장을 발전시킨 걸로 밝혀졌다. 소크라테스가 감방에 있었던 것은 아테네 법정에서 도시의 젊은이들을 타락시킨 불경죄로 유죄선고를 받았기 때문이지만, 친구들이 그를 몰래 빼내려던 탈출계획을 자기 스스로 거부해서이기도 했다. 하지만 그 자연주의 사상가들 중 한 명이라면 이러한 그의 행위를 어떻게 설명할까?

> [그 사람*에 따르면] 내가 여기 앉아 있는 이유는 나의 몸이 뼈와 힘줄로 이루어져 있어서라네. 단단한 뼈가 관절로 구분되어 있고 수축과 이완이 가능한 힘줄은 살과 피부를 따라 뼈를 감싸 잡고 있으며, 뼈가 관절에서 움직일 때 늘었다 줄었다 하는 힘줄이 사지를 구부릴 수 있게 해 주어서, 그런 원인으로 내가 여기서 팔다리를 구부리고 앉아 있단 말이지. (중략) 하지만 진짜 원인을 말하는 데에는 소홀하다네. 아테네인들이 내게 유죄를 선고하는 게

* '그 사람' 이란 소크라테스가 심취했다가 이내 실망하게 된 자연철학자 아낙사고라스를 말한다.

> 좋겠다고 판결했으니 나로서는 여기 앉아있는 게 최선이고 이렇게 머무르다가 어떤 형벌이 내려지든 감내하는 게 더 좋아보였다는 진짜 원인 말이야. 맹세하건대 이 나라가 어떤 형벌을 내리든 내가 그걸 피해 도망가기보다 감내하기를 더 올바르고 명예롭게 여기지 않았다면, 나의 힘줄과 뼈는 내가 최선이라 믿는 바에 따라 오래 전에 메가라나 보이오티아 지방에 가 있었을 거야. 그런 걸 원인이라 부르는 건 정말 터무니없는 일이지.
>
> (Plato 1997, 85 [98c-99a])

가다머는 이 이야기를 자신의 글에서 즐겨 인용하곤 했다. 그는 소크라테스가 기계적인 접근에서 벗어나 언어에서 사물이 언설되는 방식을 향하는 — 플라톤 학자들이 "로고스들로의 전회(turn to the logoi)"라 부르는 — 것 중 하나로서, 세계를 이해하는 자신의 대안적 전략을 묘사한다는 데에 주목했다. 말의 유산은 순수하게 물리적인 것에서부터 고유의 인간적인 것까지, 인간 경험에 대한 언설에서부터 신성한 것에 대한 신비한 말하기까지, 진 범위의 설명적 의미들을 포함한다(Gadamer 1980, 32-5; 1986b, 24-6; 1990b, 456; 1998, ch.5).

자연과 언어의 탐구자들은 모두 경험 속에 출현하는 사물들의 패턴을 파악하겠다는 하나의 동기에 공통으로 이끌린다. 별들은 왜 그런 패턴으로 움직일까? 불은 왜 세계 어디서나 똑같은 방식으로 타오를까? 우리는 왜 정의가 모두에게 평등하게 적용되어야 한다고 말하는가? 이해는 언제나 패턴을 파악하는 일이며, 패턴이 없이는 아무것도 이해할 수 없다. 이러한 사실에서 추상이 또 다시 긍정적 역할을 하게 된다. 패턴을 파악하는 말과 상징은 구체적 현실의 추상일 수밖에 없다. 이러한 과정에서 현상의 구체적 존재와 같은 무언가는 사라지지만, 다른 어떤 수단으로도 얻을 수 없는 이해의 수준을 얻게 되고 이러한 이해가 말로 표현됨으로써 소통이 가능해진다.

하지만 소크라테스의 자기회고도 어떤 종류의 추상과 그 결과에 대해서는 깊은 의심을 표현하며, 가다머도 훗날 형성된 과학적 문화의 맥락에서 소크라테스의 이러한 의심을 이어받는다. 한 가지 의심은 현상을 자연주의적으로 설명하는 기계론적 가정의 추상에 대한 것이다. 무엇보다도 소크라테스는 인간의 삶에 가장 절박하게 필요한 사고형식인 도덕적 사유와 판단을 기계적 설명이 망쳐놓는다고 보았다. 가다머는 과학적 이성의 한계에 대한 그러한 의심이 소크라테스 이후 수천 년이 지나고도 여전히 시의성을 잃어버리지 않았다고 본다. 오늘날 우리가 추구하는 과학은 헤아릴 수 없을 만큼 더 정교해졌지만, 철학적 근심은 여전히 남는다. 자연과학의 방법은 인간의 삶에 대해 권위를 갖고 당당히 발언할 수 있는가? 과학이 기술을 생산하는 데 활용하는 도구적 이성과 같은 것이 인간의 상호소통을 꾀하는 데에도 사용될 수 있는가? 가다머는 이러한 두 물음에 부정적으로 답하는 편이다. 자연과학에서 관심의 범위를 좁히며 일어나는 객관화는 인간사에 적용될 경우 설명력에 한계가 있으며, 사회가 그러한 객관주의에 입각하여 합리화되면 인간의 자율성과 자유에 심각한 위협이 일어난다.

그러한 근심은 건축이론에도 마찬가지로 적용된다. 건축 모더니즘의 출현을 이끈 것은 재료와 공학기법에 일어난 기술혁신이었으며, 그 결과 주류 관점은 디자인의 책무가 미학을 기술로 수용하는 것이지 기술을 미학으로 수용하는 건 아니라고 보기 시작했다. 하지만 이러한 운동은 수많은 물음들을 부단히 제기했다. 예를 들어, 널리 퍼진 기술혁명의 상징으로서 건축의 기능적이고 기계적인 성격을 강조하면 건축의 인문학적 유대가, 그리고 그 역사적 정체성에 담긴 인간적 유대가 끊어지는가? 이러한 물음은 사회공학에 대한 건축의 물음과 연관이 있다. 건축은 인간 공동체의 재편 과정에 대규모로 동원되어왔고, 건축가는 합리적으로 조직된 도시의 거시적 비전들을 생산해왔다. 하지만 그런 식으로 건축은 스스로의 적절한 소명을 수행해왔는가, 아니면 기술 강박 시대의 낭만에 휩쓸려왔는가?

자연과학의 이상이 출현하던 시기의 인문학

플라톤과 아리스토텔레스가 당대의 기계론적 철학에 도전하기 위해 개발한 형식의 철학은 유럽사의 르네상스와 계몽주의 시대에 부활한 자연과학적 사유에 다시 도전받게 되었다. 갈릴레오와 데카르트, 베이컨, 토마스 홉스와 같은 작가들은 고대 그리스 교육에 학문적 근거를 두어온 스콜라주의 사상가들의 교조주의와 잘못된 진술, 실험의 부재, 후진적인 수학, 순진한 의인관(擬人觀, anthropomorphism)에 책임을 물었고, 이는 매우 정당한 비판이었다. 하지만 이런 비판도 서양의 학문 전체를 해체하고 새롭게 시작하려는 욕망을 드러내며 과장된 논쟁구도에 빠져들었다(Bacon 1960, 106-10; Descartes 1993, 4-5). **과학적 설명에서 의인관을 거부한 것은 "인간적(human)" 조건과 "과학적(scientific)" 조건을 반대 의미로 설정한 대대적인 사건이다.** 하지만 이러한 논쟁들은 베이컨과 데카르트도 인간의 탁월함과 가치를 그려내기 위해 앞선 시대의 전통에 크게 기댔다는 사실을 은폐할 수 있다. 베이컨과 데카르트는 철학을 과학으로 대체하고 싶어 하지만, 동시에 인간 지성의 신적인 힘과 기술 진보의 도덕적 명령을 구상할 때에는 구시대의 철학자처럼 말한다.

18세기와 19세기의 실증주의 학파는 자연과학을 선호하며 이러한 모호성을 해결했다. "실증주의(positivism)"는 실증과학을 단일하거나 궁극적인 합리적 권위로 여기기 때문에 그렇게 불린다. 실증주의는 공식적인 수학과 경험적 방법이 신뢰할 만한 답을 얻는 유일한 수단이라 여기는데, 이것이 함축하는 바는 과학이 다룰 수 없는 물음은 모두 비합리적이라는 것이다. 이런 물음에는 도덕적 가치, 현실의 궁극적 본성, 그리고 정신성과 신성에 관한 모든 문제에 대한 물음이 포함된다. 실증주의는 물론 다양한 수준에서 고르게 수용되기 때문에, 오늘날 과학자들은 흔히 모든 종류의 인간 행동을 매우 사변적인 신경생물학이나 진화심리학의 관점에서 설명하기를 서슴지 않는다. 현대 실증주의는 종종 자연과학적 사유만이 합리적이라 주장하곤 하지만, 자연과학적 사유로 불가능한 한계를 외면하는 데에는 훨씬 더 뻔뻔해졌다.

가다머의 사유는 근대 과학을 존중하면서도 그것의 배타적 권위를 내세우기는 거부했던 칸트와 헤겔, 후설, 하이데거를 비롯한 수많은 사상가들의 영향을 반영한다. 칸트는 결정론적인 뉴턴 식 우주가 인간 도덕원칙의 합리적 진실성에 대한 믿음과 양립가능하다고 주장했다. 헤겔은 형이상학적 논리를 과학이 드러내는 자연의 구조들과 통합하기 위한 최후의 위대한 철학적 노력에 힘썼다. 후설은 철학의 과학적 진실성을 회복하기 위해, 물음이 제기된 바 없던 실증주의의 인식론적 가정들을 비판했다. 하이데거는 언제나 과학을 위한 장소를 인식하면서도 기술이 세계를 "틀에 끼워 맞춰온" 전체화 방식에 맞섰고, 이런 효과에 대해 지구상에 거주하는 인간의 시적 토대를 회복하고자 했다.

가다머의 사유는 이 모든 철학들의 흔적을 담으면서도, 그 무엇과도 결코 동일하지 않다. 가다머가 연구생활을 하는 동안 자연과학에 느꼈던 주된 불만은 자연과학의 방법론이 모든 종류의 해석학적 의식을 배제하면서 해석학적 접근을 실제로 활용하는 학문들의 합리성까지 싸잡아 공격한다는 점이었다. 가다머는 실증주의를 반대하는 입장에서 인문학의 합리성을 옹호하며, 인문학의 지혜가 얼마나 과소평가되어 왔는지를 무척 다양한 방식으로 보여준다. 가다머의 관점에서 보자면 칸트는 뉴턴에게 너무 큰 권위를 부여했고, 헤겔은 자연과학과 사변철학의 결합을 너무 낙관했으며, 후설은 현상학이 정밀과학처럼 되기를 몹시도 원했다. 심지어 분명 가다머의 입장과 가장 가깝다고 할 수 있는 하이데거도 과학주의의 대안을 어떤 심원한 존재 사유에 위치시킴으로써, 되찾으면 좋을 인문주의 전통의 요소들과 논쟁적 거리를 뒀다는 한계가 있다(Gadamer 1976, chs. 8 and 9; 1992, 128).

『진리와 방법』의 후기에서, 그리고 나중에 자신의 사유 여정을 회고하는 과정에서도, 가다머는 자신의 자연과학 비판에 어떤 일방성(one-sidedness)이 있었음을 인정했다. 과학적 방법이 자기반성성을 상실한 채 적용되고 있음을 지적하는 데 골몰한 나머지, 과학이 적정 분야 내에서 갖는 정당성을 충분히 인정하지 못했다고 말이다(1990b, 551-61; 1997, 40-41). 하지만 가다머는 자연과학과 사회과학의 방법론이 지배하는 경향에 맞서 한결같이 인문학을, 또한 해석학적으로 복원할 수 있는 인문학적 잠재력을 옹호하는 역할을 자임했다. 과학에 관한 자신의 예전 생각에 한계가 있었음을 인정한 한 에세이에서, 그는 다음처럼 적기도 한다.

> 철학은 근대 자연과학과 통합할 수 없다는 바로 그 이유 때문에, 철학으로서 해석학은 근대 과학이론보다 옛 전통에서 배울 게 더 많으며 그러한 전통을 복기함 필요가 있다.
>
> (1997, 30)

근대성과 건축의 윤리적 기능

자연과학의 부상이 건축 실무에 미치는 영향은 하이데거와 가다머를 원용해온 건축이론가들의 주요 관심사였다. 예컨대 베셀리는 이런 역사에 근거하여 "분할된 재현(divided representation)"을 분석하는데, 이 말은 건축의 해석과 교육이 구조의 순수한 기하학적 특질에 사로잡히면서, 공학적 혁신 자체에 단순성과 효율성의 이상이 따라붙으면서, 균일하게 정량적인 관점으로 공간 · 시간 · 입체 · 투시 · 광학에 접근하게 되면서, 디자인의 상징적 · 시적 차원들은 구조의 외적 표면으로 밀려나 본질에서 벗어난 표피적 지위를 획득했다는 얘기다. 베셀리와 페레스-고메스는 19세기 초 실증주의가 근본적인 세계관으로 성장할 때 이러한 분할이 출현하던 결정적 순간을 파악했다. 비트루비우스적 질서에 대한 초기 논쟁들로 거슬러 올라가 실증주의 경향 이전의 역사를 상세하게 다루는 페레스-고메스는 실증주의적 과학주의가 건축 실무의 문화를 지배하게 되면서 비트루비우스 시대의 건축 해석에서 핵심적이던 의미가 상실되었다고 본다. 즉 설계과정의 지침으로서 건물을 그 목적과 장소에 적합하게 만들던 (신화와 문화적 서사에 깊이 근거하는) 인문주의적이고 시적인 의미가 상실되었다는 것이다(Pérez-Gómez 1983). 가다머처럼 페레스-고메스도 옛 신화와 의례를 복기해야한다는 입장인데, 물론 마치 시계태엽을 감듯 현대를 잊고 과거의 맥락으로 돌아가자는 게 아니라 우리의 전통 안에서 현대의 문화적 정세에 새롭게 번뜩이는 울림을 줄 수 있는 시적 요소들을 복기해야한다는 것이다. 말하자면 **오늘날의 건축적 열망은 여느 역사적 시기 못지않게 에로스(eros)—자신의 불완전성을 느끼기에 생겨나는 욕망—에서 영감을 받을 수 있으며,** 그렇게 여러 역사적 시기와 전 세계를 가로질러 창조적 정신들을 결합하는 욕망의 공동체 속에서 오늘날 건축을 특징짓는 파편화에 대한 해법을 찾을 수 있으리란 얘기다(Pérez-Gómez 2008).

카스텐 해리스는 미적 표피성과 실증주의가 결합한 결과 건축이 "*에토스(ethos)*"의 의미를, 즉 규범적인(normative) 특색과 해석력을 부여하는 특질들의 풍부한 혼합이라는 의미를 상실했다고 본다. 이런 의미의 건축적 *에토스*는 도덕 철학적 의미의 "윤리(ethics)"보다 더 폭넓은 개념이지만, 해리스는 이따금 도덕적 의무의 특성이 어떻게 건축의 규범적인 동력이 되는지를 보여준다. 베이컨과 데카르트가 맹목적 전통주의에서 벗어날 방법으로서 모더니즘을 진흥했던 것처럼, 아돌프 로스와 르 코르뷔지에도 전통양식들에 나타나는 장식을 엘리트주의와 퇴폐적 환상의 낡은 상징으로 취급하며 거부했다(Harries 1997, chs. 3 and 4). 전례 없는 효율성과 반복가능성과 스케일을 자랑하던 근대 양식은 모든 사회 구성원이 빛이 잘 드는 위생적인 건물에서 생활하고 일할 수 있는 가능성을 도입했다. 대중은 이미 자동차와 비행기, 원양 정기선의 멋진 스타일링에 쓰이던 합리화된 형태들을 이러한 근대적 건축 디자인에서 음미할 줄 알게 되면서, 근대의 진보적인 사회적 이상들과 조화를 이루는 미적 감수성을 갖게 되었다.

해리스의 분석은 모더니즘의 이러한 도덕주의적 차원을 강조함으로써, 건축의 현 상황 내에 존재하는 긴장을 드러낸다. 모더니즘의 윤리는 역사적 양식들로 단순 회귀하려는 모든 시도를 철저하게 가로막는다. 그러한 모든 회귀의 시도는 단순히 미적 향수에 빠진 게 아니라 사회적으로 무책임한 퇴행성을 띤다는 점에서 비난을 피할 수 없다. 하지만 동시에 그러한 모더니즘 윤리는 실무적인 전개과정 속에서, 그것이 추구하던 조화를 실현하는 데 실패했다. 상당수의 대중은 근대 건축에서 그것의 초창기 옹호자들이 보았던 만큼의 의미를 찾을 수 없었다. 여러 모로 목적 자체가 되어버린 기술의 정언명령은 고대 원자론자들의 비현실적 이론처럼 인간 고유의 목적을 거대한 우주적 기계의 요구에 종속시키는 것처럼 보일 수 있다.

현대 이론가들이 근대건축에 뒤얽힌 복잡한 동기들을 이해하려할 때, 르 코르뷔지에는 독특한 지위에 놓인다고 말하는 게 온당하다. 그가 건축에서 전통주의에 반대하는 가장 신랄한 선언들을 좀 쓰긴 했지만, 그의 가장 근대적인 작품들에는 언제나 규범적인 인간적 의미의 비전이 스며있었다. 그의 디자인들은 근대 공학의 승리를 찬미하는 것만큼이나 화가의 시각적 감수성과 조각가의 공간적 상상, 시인의 상징적 기교도 반영한다. 노르베르그-슐츠는 근대건축의 장소상실을 매우 부정적으로 서술하는 사람임에도 불구하고, 건축의 의미-기능을 어떻게 근대적인 어휘로 훌륭하게 옮길 수 있는지를 보여주는 사례로서 르 코르뷔지에의 롱샹성당을 거듭 거론하곤 한다 (Norberg-Schulz 1979, ch. 8; 1985, 88; 2000, 107-10). 하지만 노르베르그-슐츠는 그의 어떤 해법들이 반복하기가 어렵다고 보며, 그와 연계되면서도 학생과 동료 건축가에게 가장 쉽게 소통될 수 있는 알바 알토와 루이스 칸의 비전을 대안으로 제시했다.

해리스는 르 코르뷔지에의 비전에 담긴 다양한 면을 그 기능적인 접근 속에 존재하는 근본적 긴장의 증거로 받아들인다. 한편으로 르 코르뷔지에는 공학자가 건축가보다 미학적으로 훨씬 앞서있다고 이해하지만, 그렇다고 건축을 그저 공학에 양도할 수는 없다. 건축은 실용성을 뛰어넘는 무언가에 복무해야 한다(Harries 1997, 235-6; Le Corbusier 1986). 페레스-고메스는 르 코르뷔지에의 생 마리 드 라 투레트(Saint-Marie de la Tourette) 수도원을 상세하게 고찰하면서, 이 작품이 순전히 근대적인 어휘로 시적 반향을 얻어낸다고 호평한다.

> 건축적 의미는 은유의 공간에서 그러하듯이, 말로 환원할 수 없지만 이름을 불러주기를 고대하는 무언가에 대한 인식으로서, *우리의* 상호주관적 공간 속에 출현한다. 라 투레트는 전자매체와 시뮬레이션의 세계 속에서도 여전히 참여적이고 비환원적인 재현의 가능성을 천명한다. 문화적으로 의미 있는 건축의 가능성을... [후략]
>
> (Pérez-Gómez and Pelletier 1997, 368)

근대건축의 의미에 관심 있는 저자라면 누구든 르 코르뷔지에를 무시하고 지나칠 가능성이 거의 없으므로, 이와 같은 반응은 더 늘어날 수도 있을 것이다. 그의 작품은 수많은 가능성의 세계를 열어주는 영원의 문처럼 서있다. 그의 작품들은 아주 과감하면서도 독특하게 통합된 건축적 비전의 기념비들이다. 그러한 비전이 아주 많은 내적 긴장들을 보여줄 때, 그것을 하나의 직접적인 해법으로 보기는 어렵다. 브루털리즘 미학을 주류화하려는 그 시도가 대중적 호불호를 크게 가르게 되었을 때도 마찬가지다. 하지만 **르 코르뷔지에의 많은 건물은 가다머가 "고전(classic)" 작품에 부여하는 특성을 잘 보여준다.** 그의 건물들을 누차 참조함으로써 뜻밖의 현재적 의의와 영감을 더 찾아낼 수가 있다. 그런 건물의 한계와 실패는 종종 그 성공만큼이나 깨달음을 주며, 그에 반대하는 모든 비판은 그런 건물의 지위를 깎아내리기보다 더 큰 관심을 불러일으키는 경향이 있다.

해석학과 사회의 합리화

사회 · 정치 이론가들의 담론에 가다머의 해석학을 끌어들인 사람은 위르겐 하버마스였다. 하버마스의 초기작이자 여전히 영향력 있는 저서인 『사회과학의 논리(The Logic of the Social Sciences)』(1988)에서 그의 주요 관심사는 사회과학의 산물인 인간생활에 대한 3인칭 기술을 인문학과 예술, 전통적인 역사적 서사에서 발견되는 1인칭 기술과 연관 짓는 문제다. 여기서 말하는 "3인칭(third-person)"은 관련 인물들의 의도와는 꽤 독립적으로 그들의 규칙성을 보여주는 사회적 상호작용의 패턴을 추구하는 접근법을 뜻한다. 자연과학과 마찬가지로, 사회과학적 방법이 드러내려하는 패턴은 통상 경험으로 드러나기 힘든 것이어서 1인칭 기술의 형태로는 은폐될 소지가 있다. 이렇게 3인칭 관점을 취하려는 사회과학의 목적은 객관성의 개념과 기의 동일시되었고, 사회과학 저널의 수많은 논문들은 마치 통제된 과학실험 연구를 수행하는 것처럼 보이려고 부척 고심한다.

하지만 하버마스는 인간성을 경험적인 자연과학 모델에 입각하여 연구하려는 시도의 수많은 문제를 지적한다. 화학자나 생물학자를 모방하여 문제의 틀을 짓고 데이터 수집을 위한 도구를 구성하며 연구결과의 의미를 도출하는 과정은 불가피한 해석의 역할을 경시하곤 한다. 이런 과정에서는 3인칭 관점의 결과를 1인칭 관점의 경험과 연결하기가 어려운데, 처음부터 그러한 1인칭 경험에 부여되는 경멸적인 주관적 지위를 사실상 간과할 수 없기 때문이다. 따라서 이런 연구자는 객관주의적 해석체계를 통해 데이터를 걸러내며, 그런 체계 자체는 의문시하지 않는다. (게다가 명백히 의문시할 수도 없다.) 체계 자체를 의문시하게 되면 덜 "과학적"일 것이기 때문이다.

하버마스가 주장하기를, 가다머의 해석학은 연구과정 전체에 불가피하게 편재하는 해석의 역할을 지목함으로써 사회과학의 지나친

실증주의를 완화할 수 있다. 가다머는 어떤 방법도, 어떤 경험주의적 규범도 문화적 지평이나 역사에서 자유로울 수 없음을 지적한다. 하버마스가 좋아하는 가다머의 주장은, 1인칭 관점을 떨쳐낼 수 없다고 하면서도 이러한 개성에는 주관적 의도와 꽤 상관없이 기능하는 것도 많다는 것이다. 이런 측면에서 가다머는 사람들이 자신의 앎과 의지와는 별개로 행동하는 데에 주목하는 하버마스와 통한다. 하버마스는 우리 내부에서 일어나는 이러한 역사의 출현이 어떻게 언어적으로 일어나는지에 대한 가다머의 설명도 호평한다. 언어의 대인적(interpersonal)이고도 유사-객관화된(quasi-objectified) 본성(하버마스가 가다머 만큼이나 루트비히 비트겐슈타인도 원용하며 설명하는 특성들) 때문에 현상학보다는 언어철학에 이끌리는 하버마스에게, 가다머의 해석학은 사회과학적 방법에 대한 반론이 아닌 보완으로서 가치가 있다. 해석학은 역사적인 것이 분석 대상에서 반성적 경험의 대상으로 이행하게끔 다리를 놓으며, 모든 이론가가 염두에 둬야 할 이론의 문화적 배태성(胚胎性, embeddedness)에 대한 물음을 제기한다는 것이다. 사실 하버마스는 바로 이러한 보완적 역할이야말로 철학적 해석학이 *최고로* 꽃피울 수 있는 영역이라고까지 주장한다(Habermas 1988, ch. 8).

하지만 이러한 해석학의 평가에는 확실히 그 이면이 숨어있다. 왜냐면 하버마스는 가다머가 선입견을 "복권"하는 게 전통의 권위를 옹호할 뿐이라고 보기 때문이다. 하버마스는 해석학이 전통을 따로 비판할 수단이 없는 만큼 사회과학 내부에 자리 잡는 게 가장 좋다고 본다. 전통의 지혜에 경의를 표하는 가다머주의의 대안으로서 하버마스가 제시한 유명한 모델은 환자들의 1인칭 진술을 다루는 프로이트주의 분석가의 해석적 접근법이었다. 분석가는 환자의 언어세계에 몰입하게 되지만, 언제나 비판적 관점을 견지한다. 분석가는 환자가 자신의 경험을 기술할 때 체계적으로 왜곡된 것들을 찾으려 하며, 거의 모든 게 표면적 의미와 다르게 해석된다(1988, ch. 9;

1990a; McCarthy 1978, 178-213; Warnke 1987, ch. 4).

가다머에 대한 하버마스의 이러한 독해는 많은 경우 단순히 오독한 것이다. 이에 대해 가장 통상적인 가다머식 답변은 방어적인데, 철학적 해석학에 상당한 비판적 차원이 존재한다고 응수하는 것이다. 전통은 신념의 유산인 것만큼이나 물음과 의심과 비판의 유산이기도 하다. 해석학은 어떤 과학적 알고리즘이나 현재의 관점에서 부적절한 믿음보다는 이해에 입각하여 문화적 신조들을 비판할 수 있는 논거를 제공한다. 가다머에게는 선입견이 문화적 의미를 개시하는 최초의 조건을 형성하는 게 사실이지만, 그렇다고 시작점에서 바로 끝을 맺어야하는 건 아니니다. 실상은 그 반대다. 해석학적 기획의 핵심은 바로 진정한 이해가 최초의 가정들을 바꾸게 될 걸 알면서 일련의 물음들을 추구하는 것에 있다.

이런 주장들은 현재 표준적인 가다머의 방어논리를 요약해주지만, 반대로 그를 공격적인 입장에 놓아볼 수도 있다. 하버마스는 가다머가 사회과학적 논증을 해석학적 · 변증법적 사유의 극히 협소한 형식으로 보았다는 걸 충분히 파악하지 못한 듯하다. 만약 하버마스가 이를 이해했더라면, 폭넓은 해석학적 사유가 그보다 협소한 사회과학적 형식 속에 자리 잡아야 한다고는 절대 주장하지 못했을 것이다. 하버마스는 사회과학이 자체적인 해석체계를 의문시할 수 없는 것처럼 보임을 인정하지만, 어쨌거나 이걸 사회과학의 비판적 권위에 대한 위협으로 보지는 않는다. 하지만 가다머의 관점에서 보면 사회과학에서 과학적 방법은 너무 마술적으로 기능한다. 즉 사회과학자는 경험적 방법의 규범이 편향의 문제를 극복한다고 믿지만, 사실 해석학 대신 경험적 방법을 활용하는 그는 자신의 출발점을 문제시할 수 없게 된다. 반면 가다머에게는 그러한 출발점의 문제시야말로 의미 있는 비판의 핵심요소다.

따라서 가다머의 관점에서 보면, 하버마스는 해석학의 비판적 차원을 충분히 발견하지 못했을 뿐만 아니라 그가 제안하는 혼합적 해법은 도구적 이성의 과잉에서 벗어나려는 훌륭한 시도임에도 불구하고 그러한 도구주의를 너무 많이 허용한다. 그는 사회탐구 분야에서 도구적 이성의 영향을 줄이고 싶어 하지만, 결과적으로 도구적 이성을 크게 승인한다. 그는 사회공학에 반대하고 싶어 하지만, 사회공학을 정당화할 수밖에 없다(Gadamer 1990a; 292-3). 이런 관점에서, 그가 프로이트를 끌어들이는 것은 특히 문제적으로 보인다. 왜냐면 하버마스는 프로이트주의 분석가의 등가물로서 문화를 바라보는 특별한 관점을 지닌 사람(들)이 존재한다고 가정할 뿐이기 때문이다. 하지만 그런 관점을 지닌 사람이 대체 누구일까? 그리고 이런 관점이 어떻게 비판적 관점이라고 확신할 수 있을까? 이런 물음은 해석학적인 물음이다(1984c, 78-9; 1990a; 279-81; How 1995, 174-7). 사실 나는 이러한 프로이트적 비유에서 뭔가 사회공학자의 가부장주의 같은 게 엿보인다고 주장하고 싶은데, 특히 이 상황을 분석가의 관점보다 환자의 관점에서 볼 때 그렇다. 프로이트 정신분석에서 환자는 오로지 해석자를 위한 자료만을 제공해야 하며 자신이 직접 해석의 주체가 될 수는 없다. 이런 해석은 환자가 아무런 영향력도 끼치지 못하는 코드화된 해석체계에 따라 이뤄진다. 분석가의 관점에서는 그런 절차가 비판적일망정, 환자의 관점에서는 그야말로 이성이 통제적으로 사용되는 사례를 대표한다고 말해야하지 않을까? **가다머의 관점에서 보면, 사회 조직과 그 변화의 혜택을 받을 사람들의 지성과 행동력이 그러한 과정을 지배할 때에만 정녕 도구적 이성을 궁지로 몰 수 있다. 프로이트적 비유는 그러한 목적에 잘 부합하지 않는다.**

사회공학과 예술작품으로서 도시

르 코르뷔지에는 아이콘적인 개별 건물들 말고도 1920년대에 "빛나는 도시(Radiant City)" (1967) 개념을 창안한 것으로 유명하다. 이 모델은 많은 수준에서 철저히 근대적인 도시 공공선(urban good) 개념을 형식화했으며, 원양 정기선상의 아름답고 효율적인 생활을 주거 건물로 옮겨놓으려고 했다. 도시의 땅을 대부분 공원과 휴양지를 위한 열린 공간으로 확 틔워 구성함으로써 교외마을과 경쟁하고, 누구에게나 부담 없는 위생적인 생활공간들을 모듈 체계로 구성하여 사회적 평등주의에 이바지하려던 이 모델은 모든 자동차가 고속도로로만 달리게 하여 교통 혼잡을 없애려고도 계획했다. 그것은 도시를 근본부터 철저하게, 사소한 것까지 일일이 다시 상상해내려던 작업이었다. 합리화된 계획은 도시의 골치 아픈 혼란에 질서를 부여하는 것이었다. 근대 기술은 그와 반대로 도시 녹화가 일어날 수 있을 만큼 극단적으로 추진되었다. 여기서도 르 코르뷔지에는 순전히 기술적이면서도 구석구석 예술적 영감이 깃든 이상을 만들어냈다고 할 수 있다. 그의 파리 레프트 뱅크* "근린계획(Voisin Plan)"은 이제껏 설계된 프로젝트 가운데 가장 놀라운 것 중 하나로 남아있는데, 그 놀라운 규모와 더불어 깡그리 비타협적인 모더니즘, 그리고 세계에서 가장 이야기가 많은 도시 중 하나인 파리에서 엄청난 넓이를 차지하는 땅과 건물을 즐겁게 파괴했다는 사실 때문이다.

제2차 세계대전 이후 전 세계에서는 '빛나는 도시'의 비전 중 적어도 일부 요소들이 다양한 소득계층이 함께 사는 주거지에 활용되었고, 저소득층을 위한 프로젝트에는 더욱 두드러지게 활용되었다. 뉴욕 시에서는 1940년대 말부터 1960년대 초까지 미국의 손꼽히는 건설행정가이자 미국 역사상 가장 위세를 떨친 공무원 중 한 명인 로버트 모지스(Robert Moses)가 25만 명 이상을 수용하기에 충분한 주거 단위들을 만들어내는 사업을 관장했는데, 이 중 많은 사업이 여러 획일적인 고층건물로 거대한 슈퍼블록을 이루는 '빛나는 도시' 모

* 레프트 뱅크(Left Bank): 파리 센 강의 '왼쪽 기슭'을 가리키는 말로, 자유분방한 예술인들이 많이 사는 구역.

델에 입각하고 있었다. 하지만 이러한 비전은 결함 있는 것으로 여겨지게 되었고, 대규모 단일용도 계획 프로젝트의 본질적 한계를 보여주는 전형적인 사례로 여겨지게 되었다.

모지스의 뉴욕 비전을 가장 효과적으로 비판한 인물 중의 한 사람은, 미국 문학의 고전 반열에 오른 선언적인 책 『미국 대도시의 죽음과 삶(The Death and Life of Great American Cities)』의 저자 제인 제이콥스였다(Jacobs 1993; Fulford 1992). 이 책은 몇 가지 수준에서 도시 재개발(Urban Renewal) 비전을 공격하면서, 능란한 화법과 남달리 통찰력 있는 상식을 통해 다른 종류의 도시적 비전을 옹호한다. 이러한 과정에서 제이콥스는 구체적인 상황적 사고가 추상적인 도구주의적 사고에 반대하며 행사할 수 있는 힘을 재현해낸다. 많은 면에서 계획가들의 도구적 사고는 그것이 가장 영향을 미치는 사람들의 삶을 이해하려는 관심이 없어보였다. "슬럼"의 개념은 에이커 당 주민수와 건물의 연령과 같은 추상적 범주를 통해 만들어졌다. 종종 활력이 넘치고 소수민족이 거주할 때가 많은 이런 동네의 삶의 질이 어떻고 공동체가 얼마나 건강한지를 들여다보려는 시도는 거의 없었다. 시 공무원들은 실제 이주 보조금을 과장한 채 이런 동네를 불도저로 밀어냈고, 그 자리를 대체한 신축 주거는 도시가 조직되고 작동하는 방식과 관련하여 완전히 다른 개념을 활용했다.

이 새로운 도시 비전은 '정원 도시(Garden-City)'와 '빛나는 도시' 개념에서 태어났지만, 그것이 대체한 지역의 도시적 활력까지 복제해낼 수는 없었다. 그런 비전의 창안자들은 도시에서 여러 도시적 용도의 혼합이 얼마나 중요한지를 이해할 수 없었기 때문이다. 슈퍼블록 모델은 용도 분리에 입각한 모델이다. 주거는 직장과 매점, 문화시설과 분리된 단일용도의 고층건물에 집중된다. 옛 동네들이 성공한 것은 이 모든 용도를 공중가로와 측면보도에 크게 의존하는 보행친화구조로 결합했기 때문이었다. 모더니즘 계획이 활력의 생산에

노스 엔드, 보스턴

실패한 것은 다시 여느 때와 같은 그 추상 때문이기도 하다. 즉 도시를 일단의 이원론적 문제로, 예컨대 주거 대 직장의 문제처럼 추상화하는 경향 말이다. 하지만 도시민이 도시에서 취하는 모든 용도는 어떤 다원론적 문제에 대한 하나의 해법이며, 도시민은 언제나 많은 일을 한꺼번에 한다. 그렇다면 일단의 범주에 근거하여 그들의 행위를 연역해낼 순 없는 것이다. 일어나는 패턴을 인식하고 그런 패턴의 억제를 막는 방법을 파악해야 한다(1993, ch. 22). 이런 연관성 속에서 제이콥스의 관점은 "도시는 하나의 예술작품일 수 없다"(1993, 485)면서 도시 설계자에게 특별한 문제를 안겨준다. 도시민의 삶을 조직한다는 것은 제도판 위에서 미적으로 만족스런 방법을 찾으며 그리는 어떤 밑그림과 같은 것이 아니다. **도시는 사람들이 스스로의**

삶의 방식을 만들고 스스로의 창조적인 목적을 실현하는 자유를 바탕으로 번영한다. 미적 해결책을 제공받으면 그런 자유를 빼앗기게 되지만, 창조적 자유를 키우려면 일정 부분 조직화를 피하고 확정적 정의를 내리지 않을 필요가 있다.

나는 지금 제이콥스와 모지스의 논쟁에서 많이 거론되었던 역사적 사례를 설명하고 있는데, 그것을 해석하기 위해서가 아니라(그런 해석은 여기서 시도하기에 지나치게 큰 과제다) 단지 철학적 해석학이 이런 사례와 적절히 관련됨을 암시하기 위해서다. 가장 명백한 관련성은 철학적 해석학이 공공연하게 의도적인 사회공학에 반대한다는 사실에 있다. 하지만 더 명백한 부분은, 제이콥스가 실무자들의 의도와 자기이해 너머에서 작동하는 사회적 통제의 요소들을 밝혀낸다는 점이다. 가다머의 관점에서 말하자면, 그러한 계획의 사고방식은 전체적으로 적절한 질문들이 제기되지 않도록 막는 하나의 지평으로 기능한다고 할 수 있겠다. 심지어 도시 재개발의 옹호자들이 사용하는 언어마저도 "동네(neighborhood)" 보다 "주거지역(residential zone)" 이란 말을 더 선호하듯, 문제들의 정식화를 충족할 수 있는 답변 유형들을 제한한 것이었다.

더 큰 문제는 도시설계 분야 전체가 결과물을 본래 기준보다 더 통제적으로 만드는 지평의 맹점들로 고생한다는 점이다. 이러한 문제는 도시 재개발에 맞선 반발의 여파 속에서 많은 아이러니를 낳는 원인이 되었다. 예를 들어 많은 뉴 어바니즘(New Urbanism) 프로젝트들은 제이콥스가 옹호한 혼합용도와 보행친화성과 같은 것들을 포함시켜 설계하면서 새로운 동네나 뉴타운을 날조해왔다. 하지만 총체적인 설계와 통일된 건축양식들을 보여주는 이런 프로젝트들은 소도시나 도시를 디자이너의 예술작품으로 바꿔버리는 것에 대한 제이콥스의 비난을 위반한다고 보일 것이다. 이런 장소들이 진정 시민에게 속한 공간이 되려면, 어느 정도 *시민들의* 예술작품이 되어야만 한다. 가다머가 모든 건축에 대해 말했듯이 도시 설계는 예술적으로 후퇴함으로써, 창조성이 일어날 수 있는 의미 있는 장소를 만듦으로써 어느 정도 예술적 기능을 수행한다. 건물은 인간적 의미를 현실화하지만, 더 본질적이고 중요한 것은 그것이 의미를 *가능하게* 만든다는 것이다.

도시 재개발 논쟁과 같은 사례들은 이론(theory)과 실천(practice)의 관계에 대한 많은 물음을 함축한다. 제이콥스의 연구는 적절한 이론적 토대가 없다는 비판을 자주 받는다. 한편 제이콥스는 그녀 나름대로, 뉴욕을 탈바꿈시키려던 정치인과 계획가들이 이론에 너무 취한 나머지 그들이 해체하려던 공동체의 활력을 이해할 수 없었다고 비판한다. 하지만 대체 이론이란 *무엇인가?* 그리고 실천의 권위는 어디에서 오는가? 이런 물음은 가다머 철학을 정의하는 또 하나의 특징이자 그의 철학이 건축 환경에 던지는 또 다른 현재적 의의에 주목하게 만든다. 바로 그런 특징을 언급할 때, 가다머는 자신의 철학적 해석학을 "실천철학(practical philosophy)"의 전통 속에 위치시킨다.

Chapter 5

창조적 협력 속의 실천적 지혜

가다머는 그의 해석학이 소크라테스와 플라톤 이후 실천적 사유의 전통에 합류하는 실천철학의 형식으로 보이길 원했다. 가다머가 자신의 철학을 "실천적"이라 부른다고 해서 그가 그저 이론보다 상식을 선호한다고 생각해선 안 된다. 오히려 이런 전통의 철학자들은 보통 이론을 실천적 노하우에 필요한 소양으로 여긴다. 가다머 자신도 이론을 최상의 실천 형태로 간주한다(1986b, 175). 그런 진술은 이론의 가치를 승인하지만, 일단 추상적으로 설정되었다가 실천에 "적용되는" 일단의 원칙들과는 분명히 대조를 이룬다. 가다머의 입장에서 보면, 이론을 체험 속의 실천적 통찰에서 떼어내 추상적 영역으로 고립시키는 것은 해석학적으로 생각하는 탐구 능력을 빼앗는 일이다.

실천적 지혜의 전통

이론과 실천을 연결하려고 노력하는 가다머는 플라톤의 『대화편』에 나타나는 뉘앙스들에서 또 하나의 시금석을 발견한다. 이 저작에 등장하는 대화에서 소크라테스가 개입시키는 사람들은 종종 실천적 위업을 인정받는 사람들로서, 그들이 보유한 뛰어난 실용적 기술을 이유로 많은 타인들로부터 "지혜로운" 인간으로 여겨지곤 한다. 하지만 소크라테스가 제기하는 물음은 그들이 지닌 지혜의 범주적 한계를 드러낸다. 예를 들어 「라케스(Laches)」라는 대화편에 등장하는 두 명의 유명한 장군들은 "용기"라는 말을 그들에게 친숙한 전투 상황의 관점에서 이해하며 정의내릴 줄 안다. 이런 맥락에서는 "자기 자리를 지키며 적과 싸우는 자"(Plato 1997, 676 [191a])가 용기 있는 자라고 말하면 아무런 문제가 없다. 하지만 이 장군들은 자기 자리를 떠나는 게 중요한 전략적 후퇴와 같은 특수한 군사적 상황이나 진리를 추구할 때와 같은 비군사적 상황에서 용기란 말이 무얼 뜻하는지는 잘 이해하지 못한다. 이와 같은 플라톤적 대화를 인용하면서, 가다머는 독자들이 그러한 담화 속의 긴장에 주목하길 원한다. 소크라테스는 하나의 포괄적 정의를 추구함으로써, 다른 경우보다 실천적 지혜를 한층 더 일반적인 수준으로 밀고 나간다(Kidder 1995). **이론을 향한 소크라테스의 움직임은 실천적 지혜를 대체하는 게 아니라 유기적으로 발전시켜가는 과정이다.**

이에 못지않게 가다머의 실천적 사유에 중요한 영향을 끼친 또 하나의 고대 자료는 아리스토텔레스의 『니코마코스 윤리학(Nichomachean Ethics)』이다. 아리스토텔레스는 플라톤을 소크라테스식의 실천철학자로 해석하지 않았고, 플라톤이 이론과 실천을 분리하는 경향이 있었다고 보았다. 이러한 성격 규정에 얼마간 정당성이 있음에는 의심의 여지가 없다. 플라톤은 젊은이들이 정치의 격랑에서 벗어나 지적인 삶을 일궈갈 수 있도록 학당을 설립하고 수학과 같은 난해한 과목들을 포함하는 교육과정을 만들었다. 아리스토텔레스는 플라톤 스스로가 그 학당에서 가르친 것을 평범한 경험 세계보다 우월한 어떤 추상적이고 수학화된 현실을 가정한 것으로 보았으며, 이러한 형이상학적 접근을 플라톤의 윤리학이 실천적 삶에서 벗어나 경험 세계 너머의 "좋은 것(the good)"을 고상하게 추구하는 과정으로 보았다. 이러한 성격 규정이 정당하든 아니든 간에, 아리스토텔레스는 이런 경향에 반대하는 사상가의 입장에서 실천적 지혜를 발전시키려고 자기 나름의 윤리학을 전개했다(Gadamer 1984c, 115-17; 1990b, 312-18; 1998a, 16-20).

이러한 논리 전개의 목적은 경쟁하는 욕망들 사이에서 대책을 찾고, 복잡한 상황 속에서 적절히 판단하는 데에 있다. 아리스토텔레스의 윤리학은 물론 원칙들을 활용하지만, 그런 원칙은 교양 있는 사람들의 실천적 의사결정을 위한 지침이 되길 의도한 것이다. 예를 들어

정의(正義, justice)는 재화의 정당한 분배를 결정하는, 공평성(equity)의 원칙을 내포한다. 하지만 정당한 분배의 구체적 의미는 관련 당사자와 그 상황에 좌우될 것이다. 아리스토텔레스는 음식을 분배하는 사람이 노련한 운동선수와 운동 미숙자를 똑같이 취급하진 않을 거라고 말하는데, 똑같은 양이라 해도 한 사람에게는 너무 적어 보이고 다른 사람에게는 너무 많아 보일 수 있기 때문이다(Aristotle 1999, 24 [1106b]). 여기서 정당한 결정을 하려면 원칙들을 알아야하고, 그에 못지않게 그런 원칙들이 실현될 상황에도 익숙할 필요가 있다. 이런 사례에서 우리는 소크라테스가 추구하던 종류의 추론의 종류를 인식할 수 있다. 그것은 경험에서만 출현하는 실천적 기술(즉 "테크네[techne]")을 넘어서는, 실천적 추론("프로네시스[phronesis]")의 유형이다. 이런 유형의 추론은 특수한 것에 대한 시각을 잃지 않은 채 일반성을 향해 움직이는 경험에 관한 성찰이다. 그것은 다양한 사례에서 공통되는 것을 지향하지만, 특수한 사례들의 차이들을 쉽게 무시하지도 않는다(Gadamer 1990b, 314; Risser 1997, 110-14; 2002).

가다머에 따르면, 실천철학의 전통은 후기 해석학 이론들에서 "적용"의 문제에 힘입어 살아남는다. 예를 들어, 교회 예배에서 설교자의 과제는 성경 텍스트의 실천적 의미를 현대 신앙인 공동체의 매우 다양한 삶 속에서 어떻게 실현해야할지를 보여주는 데에 있다. 이런 경우의 적용은 성경의 의미에 부수적인 것이 아닌데, 성경의 모든 요점은 하나의 생활방식을 전해주는 데에 있기 때문이다. 법학의 경우에도 "적용"은 법을 현대 사회의 관점에서 어떻게 이해하고 특수한 사례에서 어떻게 실현할지를 결정한다. 법은 그것을 어떻게 적용할지를 스스로 결정할 수 없다. 그런 사례에서는 판사와 변호사, 배심원, 법학자의 실천적 지혜가 결정적으로 중요하다. 그렇다면 성경과 법은 모두 프로네시스(실천적 추론) 속에서, 그걸 적용할 책임이 있는 자들이 갈고 닦음으로써만 현실적이고 시의적이 될 수 있다

(Gadamer 1984c, 126-8; 1990b, 309-11).

사회 · 문화 연구에서 자연과학적 패러다임이 출현함과 더불어, 성경과 법률의 해석학적 전통에서는 이론과 적용의 구분이 극단화된다. 수학적 모델에 입각한 이론은 순수하게 추상적인 개념들의 관계를 만들게 되고, 자연에 대한 경험적 연구 모델에 입각한 이론은 인간의 본성과 상호작용에 나타나는 법칙들을 중립적이고 초연한 자세로 관찰하게 된다. 가다머와 하버마스의 논쟁에서 살펴보았듯이, 가다머의 철학은 실증주의적 사회과학에 가려져있던 해석적 차원을 복원하려고 한다. 그러나 이제 주목해야 할 것은 그런 과정을 통해 철학적 해석학이 실무자들의 합리성을 개선한다는 점이다. 실무자들은 스스로의 실천을 돌아보고 많은 종류의 대화 상대자들과 함께 합리적 토론을 거치면서 그러한 실천을 개선하려고 노력하게 되는 것이다.

실천적 심사의 해석학

규칙과 가르침, 약호, 관습, 역사적 선례의 관점에서 실천적 결정을 내려야 하는 상황은 법이나 종교생활에만 있는 게 아니다. 중요한 결정이라면 모름지기 이런 걸 고려할 때 뭔가 하는 역할이 있을 것이고, 모든 결정은 어떤 의미에서 뭔가를 적용하는 일일 것이다. 역사적 텍스트를 해석하거나 여러 국가와 언어를 가로질러 이해에 도달하는 경우는 해석학적 조우를 더욱 극적으로 보여줄 뿐이며, **타인들과 함께 하는 결정은 해석학적으로 깨달아 이해하는 과정을 통해 더 좋아질 수 있다.** 심사(deliberation)는 종종 단순한 실천적 결정에 초점을 맞추는데, 그럴 땐 상식이나 도구적 사고를 제한적으로 활용하는 것만으로 충분할 수도 있다. 하지만 문제가 복잡해져서 다양한 이해당사자와 많은 종류의 이해관계가 개입되면, 성찰과 토론, 심사, 결정의 과정에서 해석학적 차원이 더욱 강력하게 드러날 것이다. 엄밀히 말해, 항상 똑같은 지평 속에만 있는 사람은 아무도 없기 때문이다. 함께 일하고, 함께 결정하고, 함께 살고자 하는 모든 시도는 복잡하고도 종종 어려운 이해의 노력을 요한다. 이해할 필요를 점차 깨달아가고, 그런 노력 속에서 인내를 배우고, 그 속에 내재한 보람의 의미를 깨닫고, 다양한 상황에서 원칙을 시험해보게 되고, 그런 원칙을 의문시하며 필요할 경우 개정하게 되고, 논쟁적인 심사과정에서도 신뢰를 구축하며 우정을 쌓게 되는 것. 이 모든 것이 실천적 지혜 속에서 발전해가는 징후들이다. 이러한 발전이 당사자의 성격과 정체성에 미치는 영향은 어떤 기술이나 일단의 확신이 주는 영향보다 더 결정적이다.

하나의 실천철학으로서, 해석학은 문제에 대한 해답을 제공하기보다 문제를 숙고하고 타인과 함께 풀어가는 과정에서 수행할 수 있는 탐구의 패턴을 암시해준다. 우리가 어떤 심사단의 구성원들이 "타인의 말을 경청"하거나 "타인의 관점을 이해"하려 한다고 말하는 순간마다, 늘 이런 패턴이 작동한다. 이런 순간의 목적은 그저 당면 과제인 원칙이나 정책을 진술하는 게 아니라, 심사단의 일원들이 해석하는 다양한 방식을 파악하는 것이다. 이런 해석은 아이디어를 낳지만, 그보다 훨씬 중요한 건 바로 역사를 낳는다는 점이다. 그것은 의사결정의 상황들로 이어져온 역사이고, 심사위원들의 역할을 형성하는 역사이며, 심사과정에서 나타나는 신뢰와 신임의 수준을 결정하는 개인 및 조직과의 상호작용이 이뤄온 역사이자, 심사위원들의 역할을 방어적인 변론가나 능동적인 행동가로서 정의하는 정당성 혹은 비정당성의 역사들이요, 이 모든 역사들에 함께 따르는 상징과 감정 들이다. 그런 상황에서 타인의 말을 "경청"한다는 것은 이 모든 역사의 현재적 의의를 향해 문호를 개방한다는 것이다. 이렇게 개방할수록 심사과정은 더욱 길고 복잡해지지만, 더 풍부하고 실속있는 결정을 낳을 수 있고 그 과정에서 종종 선의의 관계들을 구축하게 된다.

그런 경우, 더 큰 이해란 차이를 인식하는 동시에 합의를 추구하는 결합된 노력을 말한다. 합의에 무관심하면 굳이 차이를 신경 쓰지 않을 테고, 아무런 차이도 인식하지 못하면 합의가 불필요할 것이다. 물론 모든 집단적 과정에는 "우리 모두 합의할 수 있는 것을 파악"하려는 노력이 심사의 범위를 좁히거나, 원칙에서 지나치게 벗어난 타협을 장려하거나, 집단이 공유하는 편견을 강화할 위험이 존재한다(Warnke 2011). 하지만 이해하려는 욕망 속에서 표현되는 열린 마음 자세(open-mindedness)는 자신의 입장을 기꺼이 포기하는 것도, 토론과 관련한 원칙적 논의를 중단하는 것도 아니며, 집단의 구성원들에게 불가피하게 특권을 부여하는 것도 아니다. 집단 내의 타인들에게 발언권을 주는 열린 자세는 집단 외부의 관점들에 주목하는 열린 자세와 같은 것이다. 이런 종류의 열린 자세는 논증이 뒷받침된 관점과 그 동기가 갖는 불확정적 가능성을 기대한다. 그것은 타인들의 입장에서 그들을 오늘날의 입장까지 이끌어온 과정을 포괄적으로 인식하려는 의지다. 이런 가능성을 향한 열린 자세는 실제적인 합의와 동일하지 않다. 그것은 더 나은 이해에 입각하여 합의를 늘릴 수도 있지만, 그저 어디서 불일치하는 지점들을 찾아야하는지에 대한 참여자들의 인식을 변화시키는 데 그칠 수도 있다.

도시계획의 맥락에서 심사과정을 연구하는 연구자들은 집단적 과정이 교착상태에 빠져버리는 상황에서 중재자가 하는 역할을 타당성 있게 관측한다. 이런 역할을 하는 중재자들의 목적은 존 포레스터(John Forester)에 따르면 "적대적 기대를 협력적 탐구로 전환"(1999, 101)하는 것이다. 나는 이러한 탐구적 전환이 종종 해석학적 특징들을 보여준다고 말하고 싶다. 예컨대 중재자들은 다음과 같은 권고를 받는다. 참여자들의 입장 뒤에 놓인 개인적이고 문화적인 서사들을 논의하여, 관련 당사자들의 가장 강렬한 몇몇 감정이 근거하는 원천에 도달하라. 하지만 타인의 이야기에 경청하는 수준에서 자신의 책무도 다함으로써, 논쟁을 양극화하는 서사들이 충돌하지 않게 하라.

폭넓게 다양한 목소리들을 논쟁에 끌어들이면서도 토론을 교착상태로 이끌어왔다고 추정되는 소수의 장악력은 되도록 약화시키며, 소수의 목소리에 더 많은 발언권을 줄 수 있는 합의 모델을 활용하라. 집단 구성원들 간의 관계 구축에도 초점을 맞춰라. 그런 관계에서는 대화를 진척시킬 계기들이 어디서 나타날지 예측할 수 없기 때문이다(Forester 1999; Innes 1996; Margerum 2002). 이런 권고사항에서 볼 수 있는 것은 일반성과 특수성—즉 집단에 공통되는 일반적 목적과 그 집단이 실현하려 하는 일반적 가치들, 그리고 각 참여자마다 토론에서 드러내는 지평과 관계의 특수성들—의 균형을 맞추려는 시도다. 이런 식의 중재과정에서 나타나는 돌파구들은 지평융합의 적절한 사례로 볼 수 있다. 물론 이런 지평들의 차이가 지구상의 다양한 지역과 역사적 전개를 따라 광범위하게 이루어지는 거대한 융합에 비할 바는 아니지만 말이다.

건축 창작 시의 협력

스티븐 홀은 종종 건축을 "가장 취약한 예술(the most fragile of arts)"(예: 2009, 287)이라고 부른다. 그의 이 말은 건축이 항상 복잡한 협력의 산물이라는 사실을 크게 염두에 둔 말이다. 설계과정과 금융조달, 공사계약에 관한 협력이 이루어지고, 건축 프로젝트를 더 큰 계획 과제의 일환으로 설정하는 협력이 이루어지며, 이 모든 협력은 그보다 더 큰 정치적 · 경제적 · 문화적 상호작용의 일환이 될 것이다. 이러한 복잡한 과정에는 건축 예술을 신뢰하며 그것을 현실화하느라 열심히 노력할 참여자들이 있을 테지만, 대부분의 관심이 평수와 같은 면적에만 있는 사람들, 프로젝트의 조직 방식에 적잖이 이견을 지닌 사람들, 혹은 처음부터 그런 게 지어지는 걸 원치 않았고 그것이 왜 지어져야 하는지 이해하지 못하는 사람들도 있을 수 있다. 홀이 염두에 두는 건축의 취약성은 예술적 관심이 거의 없을 수 있는 협력자들과 면담하며 부닥치는 예술의 취약성으로 이해할 수 있지만, 더욱 건설적인 이해 방식은 건축을 섬세한 협력기술의 결실로 보는 것이다. 이런 해석은 건축의 본성을 건축의 실천과 분리하기를 거부하며, 건축 작품이 재료와 디자인만큼이나 사람과 세계관으로 이뤄지는 작업이라고 여긴다.

하나의 프로젝트를 추구하는 과정에서 모든 협력자들은 자신의 목소리를 낼 것이며, 건축가는 오가는 말을 해석할 필요가 있을 것이다. 이러한 해석은 다양한 협력자들의 권위를 따져봐야 하는데, 그들의 공식적인 역할과 더불어 그 과정에 필요한 것을 얼마나 쥐고 있는가라는 측면에서 그리해야 한다. 의뢰인에 대한 건축가의 책임은 주된 계약관계를 형성하는 만큼 가장 중요한 부분이다. 하지만 "의뢰인이 원하는 것"을 납품하는 과제는 의뢰인이 설계과정과 더불어 프로젝트의 제반 요인들 속에서 가능한 것을 얼마나 제대로 이해할 수 있느냐에 따라 복잡해진다. 또 다른 문제는 건축가가 한 명의 직능인이자 전문가로서 고용된다는 사실에서 오는데, 말하자면 의뢰인을 위한 건축가의 작업이 의뢰인에겐 전혀 낯설 수 있는 동료 건축가들의 직무 기준에 상당 정도 기대어 평가될 거라는 말이다 (Schön 1983, 291-2; Sirowy 2010, 197).

건축가와 의뢰인은 모두 그들이 건물을 세울 수 있도록 허가해준 공동체를 향해 책임을 진다. 이러한 책임은 프로젝트에 법적 체계를 제공하는 법규와 규제과정에서 공식적으로 표현될 뿐만 아니라, 프로젝트의 영향을 받는 공동체 일원들에게 의견을 묻는 덜 공식적인 방식으로 반영할 수도 있다. 건축가는 이러한 각각의 이해당사자에 대해, 그들을 향한 자신의 책임과 그들의 관점에 대한 평가를 균형 있게 고려하는 해석학에 따라 해석한다.

이런 다양한 관점은 비록 단일한 문화와 거대한 기획 속에서 작동하긴 하지만, 형성기의 경험과 감정에 깊이 뿌리내리는 만큼 서로 다른 지평들로 생각해보는 것이 유용하다. 예를 들어, 프로젝트의 상업적 성공가능성에 영향을 줄 결정이 이뤄질 때마다 개인적인 원칙 자체가 어마어마하게 흔들리는 성공적인 개발업자를 생각해볼 수 있다. 한편 한 명의 공적 시민으로서 자신의 사회 기여를 중심으로 도덕적 삶의 전체적 비전을 형성해온 공동체 활동가도 생각해볼 수 있다. 이런 사람들에게는 저마다 결코 겉으로 드러나지 않는 수많은 가정이 존재한다. 제기하는 게 중요해 보이는 물음이 있고, 시의적절치 않아 보이는 물음이 있다. 일부 참여자들이 표현하는 강력한 감정은 다른 협력자들의 마음을 휘저어놓지 못할 뿐이다. 이런 게 지평들의 상호작용에서 나타나는 특징들이다.

빌 허버드 2세(Bill Hubbard Jr.)가 실천을 위한 이론에서 건축가와 의뢰인과 공동체의 세 가지 다른 "담론들(discourses)"에 대해 말할 때, 그는 지평 개념과 같은 무언가를 염두에 둔 걸로 보인다(Hubbard 1995). 그는 어떤 면에서 슐라이어마허의 '부분과 전체의 해석학'을 연상케 하는 용어들로 이를 설명한다. 허버드가 말하길, 건축가는 부분과 전체의 관점에서 동시에 하나의 프로젝트에 접근한다. 프로그램과 그 설계는 서로에게 중요하고 유익한 방식으로 전개되면서 함께 발전한다. 하지만 의뢰인은 프로젝트의 전체적인 면에 초점을 맞추는 경향이 있다. 그는 처음부터 그 과정을 적당한 수익을 요하는 투자로 생각해왔다. 따라서 의뢰인에게 프로젝트의 부분들은, 즉 건축가 입장에서 설계와 관련되는 요소들은 모두 변수에 속한다. 무엇보다 중요한 것은 프로젝트 전체의 성공가능성이다. 이러한 두 관점과 반대로 공동체의 일원들은 부분들에 집중하는 경향이 있는데, 그들은 완공된 건물과 상호작용할 때 의뢰인의 프로그램이나 건축가의 설계에서는 중요하지 않을 수 있는 특정 요소들에 집중할 것이기 때문이다. 가장 중요한 문제는 이웃과 다른 공동체 일원들에게 영향을 미치는 외부성일 것이다(1995, 108-9).

허버드가 이런 관점들을 "담론들"이라고 부르는 이유는 건축을 만들어가는 과정의 참여자들이 서로 동문서답으로 얘기하는 경향을 설명하기 위해서다. 나는 이런 담론들에 대한 그의 설명이 지평들의 특질을 드러낸다고 보는데, 그것이 많은 종류의 뿌리를 지닌 성향들을 반영하고 있기 때문이다. 말하자면 그런 담론들은 언어적 뿌리는 물론이고, 일반적으로 특정한 경험 속에서 경험적 방향성을 형성하는 뿌리도 반영한다. 이런 뿌리가 깊을수록 협력 속의 이해는 더욱 어려운 과제가 될 수 있지만, 매우 보람 있는 노력 속에서 전진해가기도 한다.

지평으로서 디자인

지평들이 조우한다는 해석학적 설명이 자기만의 지평을 전유하는 과제에 초점을 맞추지 않는다면 어디까지나 미완의 설명에 불과할 것이다. 다양한 지평과 교섭하는 건축가는 언제나 어떤 하나의 지평에서 *출발하여* 작업한다. 이럴 때 가장 누느러지는 특징은 디자인이 그러한 지평 속에서 수행하는 결정적 역할이다. 건축가에게 디자인은 결코 단순한 기교가 아니며, 심지어 하나의 예술에 불과한 것도 아니다. 디자인은 세계를 정의하는 특질들에 민감하게 반응하면서 세계를 향해 현존하는 하나의 총체적인 존재방식이다. 유년시절의 가다머가 가족이 함께 살던 집의 바닥에 대해 느꼈던 강력한 감정들은 디자인된 공간의 특질이 삶의 총체 속에 자리하는 질서와 가치와 관련하여 한 사람의 감수성을 얼마나 깊이 길러낼 수 있는지를 보여준다. 스티븐 홀의 경우는 "원형적 경험"을 묘사하면서 오랜 시간 영감의 원천으로 지속될 만한 순간들을, 말하자면 디자인이 열어젖히는 가능성에 대한 준거점으로서 거듭 기능할 수 있는 순간들을 파악한다.

한편 빌 허버드는 그러한 경험을 염두에 두면서 건축가의 담론 세계를 묘사하는데, 임스부부의 8번 사례연구 주택을 방문할 때 그러한 "디자인적 깨달음(design epiphany)"을 경험했다는 것이다.

> 인상적이었던 건 주택 자체보다도 그곳에서 일어나는 삶의 방식이었다. 꽃잎이 떨어지기 직전까지 흐드러지게 피어난 완벽한 장미들이 언제나 색색이 혼합되어 짙은 향기를 풍기는 오래된 화병들이 그랬다. 테라스에서는 고풍스런 도자기 그릇에서 따라 마시는 섬세한 한 잔의 차(茶)가 그랬다. 그 맛은 언제나 감미로웠지만, 여느 단것과는 다른 맛이었다. 차를 마실 때면 곧잘 맛있는 파네토네나 비스코티, 밀푀유가 함께 나왔다. 혹은 하나하나 신선하게 선별한 딸기 몇 개에 두터운 크림을 발라 큼직한 순은제 디저트 스푼으로 떠먹기도 했다. 그리고 이 모든 순간, 황갈색 풀밭 너머로 은빛의 태평양이 반짝였고 유칼리나무의 살랑대는 소리와 향내가 났다.
>
> (Hubbard 1995, 3)

건축의 세계에 살아온 한 사람의 머릿속에 이런 경험들은 크게 자리 잡는다. 그는 질서나 평화 혹은 매혹을 만들어내는 디자인의 힘에 — 아마도 살면서 일찍이 — 감동을 받은 바 있다. **디자인에서는 통상 매우 무작위적이고 분산적이며 일시적이고 태만해 보이는 세계가 하나의 정확한 통일체가 되어 감각적으로 더욱 생생하게 현존한다.** 이러한 영감을 문득 느껴본 사람은 그런 종류의 힘으로 뭔가를 만들어내는 사람이 되기 위해 필요한 단계들, 말하자면 유사한 경험과 영감을 중심으로 형성되는 공동체에 진입하는 단계들을 밟게 된다(1995, 9).

도널드 쇤(Donald Schön)은 스튜디오 작업에서 일어나는 담론의 종류를 묘사하면서 디자인 언어의 특색을 포착한다. 그가 면밀히 관찰하여 예로 드는 교육과 비평 활동은 말과 그림을 고루 활용하는 일종의 의사소통으로서, 이 과정은 종종 기하학적 형태를 도입했다가 다시 그걸 대지의 특정 조건에 맞게 다듬었다가를 반복하며 이뤄진다. 다양한 지점에서 과거 영향력 있던 건축가들이 남기고 간 설계 해법들을 참조하여 활용할 수 있다(Schön 1983, ch. 3). 그런 담론을 하나의 용법이나 방법으로 환원할 수는 없다. 이런 담론의 모든 단계마다 작동하는 감각과 상상은 렌더링과 모델을 생산하면서 수많은 시간 동안 담론들로 발전하고 통합된다. 건축가가 디자인 언어를 말할 때, 그런 식의 비슷한 훈련을 받아보지 않은 사람으로서는 무엇이 얘기되고 있는 것인지도 알기가 어렵다. 스노드그래스와 코인은 이런 패턴을 가다머적인 해석학적 순환 속에서 일어나는 디자인의 문제로 인식한다. 해석학적 순환에서는 개념과 조건과 선례가 서로 대화하며 영향을 주고받고, 이 과정을 다른 어떤 방식보다도 명확한 방향으로 발전시킨다(2006, 45-8).

디자인 예술의 소양과 그 담론의 유려함을 통해 건축가는 스스로의 전문성을 프로젝트에 부여할 수 있게 된다. 그러나 건축가에게는 당황스럽게도, 디자인 담론이 협력 프로젝트의 참여자들 사이에서 공통 언어로 통용될 수 없는 사례가 흔하다는 데에 허버드는 주목한다(1995, 10). 쇤과 허버드는 모두 건축가들에게 이러한 사실을 자기화하라고, 즉 그들의 훈련과정에서 핵심적인 담론 세계의 힘과 한계를 성찰해보라고 권한다. 쇤에게 이러한 성찰은 전문가들의 전문성을 탈신비화하고 비전문가들이 전문적 담론을 듣는 방식을 파악하려는 노력을 수반한다(Sirowy 2010, 196-201). 허버드가 보기에도 역시 이건 자신의 모든 가치를 프로젝트에 부여하는 문제인 만큼 전문적 관점에서뿐만 아니라 사람들이 프로젝트에 관여하는 모든 방식을 통해 다른 참여자들과 관계를 맺어야 한다(Hubbard 1995, 14-16, 166). 이러한 권고는 공유되는 실천적 노력의 맥락 속에서 가다머의 지평융합 개념에 근접한다. 여기서 말하는 "융합"을 디자인의 가능성을 타협하거나 예술을 실용적 고려에 복속시키는 것으로 봐선 안 된다. 반대로 그렇게 여러 관점을 엮어내고 여러 가정을 탐구하는 과정은 건축가에 대한 신뢰와 인정을 훼손하기보다 오히려 더 늘려줄 수 있다. 해석학적 접근은 협력적인 건축 과정에서 대개 일어나는 타협적 쟁론이나 과열된 순간, 아슬아슬한 표결 등에 중심을 둔 방법으로 봐선 안 된다. 오히려 이런 것들은 타인의 입장을 대체하기보다 이해하려는 노력 속에서 일어날 때 모두에게 더 생산적일 수 있다.

전원 스튜디오의 사례

비타 시로뷔(Beata Sirowy)는 가다머와 쇤(Schön) 모두의 통찰을 활용하여 고(故) 새뮤얼 막비(Samuel Mockbee)의 작품과 그의 루럴 스튜디오(Rural Studio)가 미국 앨라배마 주에 지은 작품을 연구했다. 오번대학교의 건축학 교육과 지역 공동체에 대한 봉사활동을 결합한 개념으로 출현한 루럴 스튜디오는 자연이 무척 아름답고 빈곤이 심한 시골 지역인 헤일 카운티의 주민들이 살 집을 학생들과 함께 설계한다. 루럴 스튜디오의 프로젝트들을 통해 건축주들은 처음으로 건축가와 협업하는 경험을 하고, 많은 학생들이 미국에서 가장 낙후한 지역 중 하나인 이곳의 삶을 처음으로 경험한다. 이런 환경에서 막비는 관련된 모든 당사자들에게 특별한 임무를 부여하는 과정을 도입했다. 그는 기본적인 필요를 만족시킬 뿐만 아니라 거주자들의 특성과 영혼을, 아울러 그들이 사는 지역의 혼까지 구현할 집을 만들고 싶어 했다.

이런 목적으로, 막비는 지역 주민들을 알아가면서 대화를 통해 설계

루럴 스튜디오, 브라이언트 "건초" 주택, 메이슨스 벤드, 앨라배마 헤일 카운티

의 틀을 잡아가는 유기적인 과정을 생각해냈다. 건축주는 학생들의 헌신적인 노력을 존중하게 되고 학생들은 건축주가 의미와 목적을 느끼는 지평을 인식하게 되는 등, 서로를 이해하려는 지속적인 노력이 효과를 내면서 가능한 설계 요소들이 유기적으로 출현하곤 했다. 이런 요소들은 이 지역에 흔한 건물들의 전통 양식을 활용하고, 해당 기후의 특징인 강한 빛과 세찬 비에 응답하곤 한다. 하지만 설계자들은 혁신을 거부하지 않았으며, 이들이 지은 많은 건물에서 특별한 요소가 돋보인다. 가장 대표적인 예는, 그늘진 처마 밑의 외부 공간에 "과장된" 지붕을 자주 사용하여 거주자들의 회합 장소를 만들어내는 것이다. 혁신은 저렴하거나 기증을 받거나 재처리된 재료를 주로 활용하여 얻은 다양한 가능성의 결과이기도 했다. 여러 학생과 전문가의 상상력 있는 디자인을 동원하여, 매우 다양한 목적에 쓰이곤 하는 재료들의 미적 가능성을 이끌어낼 새로운 방식을 발견해냈다. 스튜디오에서 학생들이 작업한 수많은 디자인을 평가하고, 선별하고, 개선한 다음 건축주에게 넘겨 추가 작업도 할 수 있게 했다. 건축주들도 설계 과정에 줄곧 관여한 것이다(Sirowy 2010, 239-49).

루럴 스튜디오가 실현한 첫 번째 건물인 브라이언트 "건초" 주택(Bryant "Hay Bale" House)은 이런 특성을 잘 보여준다. 건축주인 알베르타와 셰퍼드 브라이언트는 70대의 나이에 손자 셋을 키우고 있었는데, 그들이 살아온 생애와 바라는 공간의 종류 등을 상담하는 과정에서 여러 설계 요소들이 떠올랐다. 비도 막아야 했고, 아이들마다 침대와 책상이 하나씩 딸린 방도 필요했으며, 서로 모여 시간을 보낼 만한 외부공간도 중요했다. 건초를 활용하면서 치장 벽토를 바른 건 독특한 전략이었지만, 해당 날씨에서 저렴하게 보호책을 제공하기에 적절한 방식이었다. 이 작은 방들은 주택 뒤쪽에 조성되어 세 개의 반원형 배면을 드러내고 있다. 파형의 반투명 플렉시글라스로 만든 커다란 지붕이 인상적으로 위에 걸려 있고, 이를 떠받치는 재활용 보와 전통적 외관의 기둥은 남북전쟁 이전 저택의 호화로운 베란다를 떠올리는 큼직한 공용 공간을 만들어낸다. 매우 단순한 요소들을 과거의 호화로움을 떠올리는 요소들과 결합한 것이다. 이 집은 독특한 자연경관 및 기후와의 관계를 통해, 거주자들이 스스로의 생활공간을 사용하는 방식을 표출한다. **혁신적인 재료들을 통합하여 해당 지역의 전통 형식을 연상시키는 건축가들은 전통을 검소하고, 정중하며, 때로는 유려한 방식으로 제시한다**(Sirowy 2010, 252-6).

시로뷔는 사회참여적인 건축에 대한 막비의 영감어린 접근이 대부분 가다머의 개념과 불가분의 인과관계를 맺고 있음을 감지한다. 막비의 접근은 지역 생활의 특질과 장소의 혼을 따르며, 전통을 활용하되 현대적인 관점에서 전통을 제시하고 해석한다. 그의 접근은 개인과 공동체의 지평을 형성하는 질문과 가정, 습관, 경험, 이야기 따위를 이끌어내는 대화에 전념하면서도, 이론이 그러한 대화에 도입할 수 있는 통찰과 기법을 존중한다. 이런 과정은 '일반적인' 지평 융합 따위는 없다는 이해를 분명히 한다(Sirowy 2010, 257-60). 지평 융합은 어디까지나 실제 프로젝트 참여자들이 만들어낼 수밖에 없는 고유한 관계 속에서 일어난다. 이 과정이 전개될 때는 정의와 인간 존엄성, 지속가능성, 직업적 청렴성, 정직성 등 보편적이라고 부를 만한 많은 원칙들이 작동하지만, 이런 원칙은 프로젝트의 공동작업이 만들어내는 관계의 특질로서 구체적인 상황에서만 실현 가능하다고 이해된다. 보편적 원칙은 당연한 것으로 여겨질 수 없으며, 지금 여기의 고유한 상황에서 다시 증명되어야 한다.

적정수준 찾기

루럴 스튜디오의 사례는 건축의 창작 과정과 관련하여 수많은 작가들이 표현해온 어떤 확신을 보여준다. 그것은 건축가가 아닌 사람들의 경험과 관점에 열린 자세를 취할 때 건축의 창조성을 제약하지 않고 자유롭게 할 수 있다는 확신이다(Sirowy 2010, 258-61; Till 2009). 시로뷔가 인용하는 새뮤얼 막비의 동료 브루스 린지(Bruce

Lindsey)는 이러한 생각을 다음과 같이 표현한다.

> 루럴 스튜디오가 강조한 건 자기 학문 바깥의 무언가—사람들과 공동체—를 옹호할 때 자기 학문의 가능성들을 열게 된다는 사실이다. 말하자면 기술적, 미학적, 직업적 관점의 협소한 관심들 이상의 것을 옹호할 때, 자기 일의 모든 측면에서 기회가 열린다. 건축의 혁신적이고 표현적이며 정신적인 측면들을 더 이상 틀 안에 가두지 않는 것이다.
>
> (Sirowy 2010, 261)

그런 기회를 활용하려면 적정수준을 찾을 필요가 있다. 즉 언제 경청하고 언제 숙고해야 할지, 언제 전문기술을 도입하고 실험해야 할지, 언제 비판적이어야, 혹은 어려운 질문을 제기해야 할지, 언제 그 과정을 추진하고 기한을 설정하고 원하는 목표를 성취할지를 알 필요가 있다. 그럴 때 결국 자신의 전문적 작업을 위한 가능성뿐만 아니라, 그 작업을 자신의 전체적인 삶과 특성에 통합할 수 있는 가능성이 열리게 된다.

이런 종류의 적정수준, 즉 균형과 비례의 적정수준, 사유할 때와 행동할 때의 적정수준을 묻는 것은 인류의 가장 오랜 질문에 속한다. 가다머는 소크라테스 이전의 그리스 사상가들을 연구하면서 그들이 자연력의 균형에서 인간심리의 질서 모형을 알아냈음을 발견한다. 지금까지 전해져오는 "적절한 게 가장 좋다(*metron ariston*)"라는 그리스어 구절은 지나친 열정과 오만을 삼가라는 말로 쉽게 해석할 수 있지만, 그에 못지않게 열정을 더 키우고 허세적인 자아는 줄이면서 세계의 위대함을 음미하는, 삶의 경험과 통찰을 더하는 방식을 염두에 둔 말이기도 하다. 이런 종류의 적절성을 계발한다는 것은 실천적 지혜 속에서 계발하는 것이며, 그러한 정신적 성장은 인간의 어떤 행위에든 혜택을 주기 마련이다.

Chapter 6

존재 방식으로서 건축

마르틴 하이데거의 사상에서 철학적으로 가장 전문적이고 어려운 부분은 그의 사유가 존재의 철학, 즉 "존재론(ontology)"에 기초한다는 점이다. 그러나 바로 이러한 존재론적 기초의 심오함 때문에 하이데거는 건축계를 비롯한 철학 외부의 인사들에게 매우 매력적으로 비춰진다. 가다머와 하이데거가 보이는 사유의 근접성은 두 철학자 모두 "해석학적 존재론(hermeneutic ontology)"에 관심을 두었다는 점과 큰 관계가 있는 만큼, 가다머 철학의 존재론적 차원을 더욱 자세히 따져보는 건 가치 있는 일이다. 그 과정에서 가다머의 사유가 하이데거의 사유와 차별화되는 중요한 측면들을 발견하게 되는데, 이런 차이점들이 건축을 대하는 두 사상가의 차이들을 만들어낸다고 볼 수 있을 것이다. 가다머의 철학은 존재론과 언어에 대한 저술을 통해, 현대 건축에 나름대로 강력한 영향을 준 운동인 포스트모던 사상과도 관계를 맺어왔다.

존재에 관한 몇 가지 수수께끼

"존재(being)"라는 단어의 의미에 관한 물음은 철학 자체만큼이나 오래된 물음처럼 보일 것이다. 서양 지성사의 최초 기록에서부터, 뭔가가 "~이다/있다(is)"라고 말할 때 의미할 수 있는 것이 무엇인지를 궁금해 하는 사상가들이 등장한다. 이 단어는 ["the stone is white(저 돌은 하얗다/저 돌은 하얗게 있다)"에서처럼] 주어와 술어의 결속수단이 되는 단순한 연결사(copula)로 볼 수 있지만, 존재 혹은 실존의 특질은 주어와 술어 중 어느 것에도 독립적으로 속하지 않는다. 저 돌은 '있다(존재한다).' 하얗다는 것도 '있다(존재한다).' 이런 관점에서 존재는 그 자체가 하나의 술어라고 말하고 싶어질 수 있다. 그러나 그럴 경우, 이 술어가 담아내는 실존의 특질이

다른 사물의 특질과는 다름을 인정해야 한다. 저 돌이 하얗다거나 무겁다고 말하는 것은 다른 특질들을 배제하는 특질들을 파악하는 것이다. 저 돌이 하얗다면, 그것은 검지 않다. 저 돌이 무겁다면, 그것은 가볍지 않다. 하지만 저 돌이 "있다"는 말은 아무것도 배제하지 않는다. 실존은 모든 것과, 즉 저 돌과 그것에 속한다고 말할 수 있는 그 어떤 특질과도 관련된다. 게다가 "하얗다"거나 "무겁다"는 말들은 추상적 범주이지만, "존재(~이다/있다)"가 뜻하는 것은 순전히 구체적일 수밖에 없다. 실제로 많은 철학자들은 존재야말로 사물을 (그저 추상적이고 가능적으로 만드는 게 아니라) 구체적이고 현실적으로 만드는 것이라고 말해왔다.

우리가 존재를 '인식하느냐(know)'의 여부를 물을 때, 존재에 관한 더 많은 수수께끼가 드러난다. 한편으로는 존재가 다른 무엇보다도 우리에게 인식된다고 말할 이유가 존재한다. 우리 자신이 실존하고, 그러한 우리 자신의 실존 감각이 우리에게 존재 관념을 전해주며, 그런 관념에 근거하여 우리는 존재하는 다른 무언가를 인식하기 때문이다. 하지만 다른 한편으로, 존재가 '실존하는 우주의 모든 것'과 관계한다면, 우리가 존재를 인식한다고 말하는 건 터무니없어 보인다. 우리는 실존하는 모든 것 가운데 극히 작은 일부만을 인식하기 때문이다. <u>따라서 존재는 신비로운 '미지(未知)의 인식(known-unknown)'으로 보인다. 말하자면 존재는 내밀하게 친숙하면서도, 우리의 인식 능력을 불가해하게 넘어선다는 얘기다.</u>

하이데거의 존재 사유

하이데거의 사유는 서양철학이 존재의 물음을 다루고자 전개했던 많은 작업이 존재를 은폐했을 뿐이라는 확신에서 동기를 얻었다. 서양의 형이상학은 실체와 본질에 관심을 두면서 분리된 개체들과 그 속성들로 이루어진 보편세계에 만족하게 되었을 뿐, 이런 사물의 신비로운 생성(生成, coming-to-be)과 소멸(消滅, passing-away)에 대해서는,

또한 무언가가 존재하게 되는 이유에 대한 기이한 질문에 대해서는 심도 있는 사유를 하지 못했다. 마찬가지로 근대 과학 역시 "대상들"을 연구하고 실제로 조작하는 것에 만족하게 되었다. 시간은 사물을 근본적으로 생성-소멸(생멸[生滅], coming-to-pass)로 정의하는 신비로운 운동이 아닌, 세계의 사물을 담는 그릇으로 여겨지게 되었다. 이에 대해 하이데거의 존재론은 서양 전통 전체를 통틀어 잠재해왔음에도 (그에 따르면) 미약하게 추구되고 말았던 물음들을 회복하려고 한다.

하이데거는 이 세계의 현상의 드러남을 통해 존재의 미스터리를 헤아리고자 노력했다. 그렇게 하려면 통상 주체가 객체를 마주하거나 객체가 주체의 감각에 영향을 미치는 식으로 세계를 상상하던 경향을 뛰어넘을 필요가 있었다. 왜냐면 그런 식의 가정은 주체와 객체의 현실을 숙고하지 않는 형이상학적 가정들로 시작하면서 이미 미스터리에서 멀어지기 때문이다. 하이데거에게는 후설의 현상학이 이런 몇몇 가정들을 중단하는 수단으로 보였다. 후설의 현상학은 주관과 객관을 구분하기에 *앞선* 경험의 묘사를 시도했기 때문이다. 하지만 하이데거는 그러한 현상학도 역시 근본적으로 재정립되어야 존재의 물음을 새롭게 하는 수단이 될 수 있다고 느꼈다(Heidegger 2010, 2-10). 현상학은 사유와 존재가 처음부터 완전히 서로 뒤얽혀 있음을 강조하는, 즉 존재를 존재 *내부에서* 사유해야 한다는 분명한 의식을 통해 존재를 숙고해야 한다는 의미에서, 해석학적으로 재정립되어야 했다. 하이데거는 인간이 존재의 물음을 개시할 때 어떻게 존재가 그 스스로를 개시하는지를 말하는 어떤 방식을 찾아야 했다. 헤겔이라면 존재의 궁극적 구조를 파악하려 했겠지만, 그런 주장을 하지 않은 채 말이다. 이런 길을 밟기 위해 하이데거는 키르케고르의 실존철학과 니체의 생철학을 원용하여 우리의 존재가 저 깊은 수준에서 어떻게 우리 실존의 유한성에 둘러싸여 있는지를 보여주고자 했다(Heidegger 2010, 32-7; Gadamer 1990b, 265-71; 1994). 키르케고르와 니체에게서 전유한 이러한 유한성은 존재의 의미에 대한 모든 숙고의 단계를 형성할 수밖에 없다.

이런 동기에서 출발하는 하이데거의 탐구는 고전적인 철학적 문제들을 독특하게 정식화한다. 예를 들어『존재와 시간(Being and Time)』에서, 하이데거는 인간의 본성이나 의식에 관한 철학을 만들어내기보다 "현존재의 해석학"을 제시한다. 여기서 현존재를 뜻하는 독일어 'Dasein(다자인)'은 영역본에서도 보통 번역하지 않고 그대로 쓰는 말로서 독일어 문자 그대로 "거기에(Da) 있음(sein)" (there-being)이라는 뜻이며, 순수하게 존재론적 열림의 관점에서 인간 존재를 일컫는 말이다. 그러나 존재론적 열림의 사건을 주관성이나 의식, 혹은 객체들의 지각으로 여긴다면, 존재론적 열림에 부차적 지위를 부여하기 시작하는 것이다. 이 문제를 제기하던 하이데거의 전형적인 방식은 후기 서술에서 크게 변화하는데, "존재를 향해 열리는 현존재"에 대해 말하기보다는, 그러한 개시성(openness) — 존재가 열리는 근거인 존재 내부의 "조명/밝아짐"(lighting 혹은 clearing) — 자체에 더 엄밀하게 주목하게 된다. 이러한 개시성은 "존재사건(Ereignis)"(혹은 '생기[生起]'로도 번역함—역자 주)이며, 이 말은 "사건"과 더불어 "전유(專有, appropriation)"의 의미까지 암시한다. 즉 이러한 존재의 드러남을 통해, 존재는 존재 자신을 얼마간 소유한다는 것이다(Heidegger 1993b; 1993c; 1999).

이렇게 하이데거의 기획을 간단히 살펴만 보더라도, 이미 그에게 언어란 친구인 만큼 적수이기도 했음을 알 수 있다. 언어는 다양한 관심사를 좇는 과정에서 존재가 망각되어온 모든 경로를 제도화하지만, 그보다 선행하던 의문의 흔적도 보유하는 만큼 단어에 대한 일종의 존재론적 숙고를 통해 그 속에 숨겨진 사유의 가능성을 이끌어낼 여지가 있다. 그렇게 숙고하는 과정에서 하이데거는 점점 더 시적 언어에 초점을 두게 되었는데, 시는 언어의 극한을 탐구하면서 언어가 지금껏 말하지 못한 걸 언어를 통해 드러내려하기 때문이다. 하이데거는 예를 들어 건축에 관한 에세이에서 '짓기(to build)'를 뜻하는 "bauen(바우엔)"이란 말의 어원 등에 관해 성찰할 때, 철학적 탐구의 정의를 통상적 한계 너머로 확장하는 고유의 시적 특질을 드러낸다(Heidegger 1971, 145-61; Sharr 2007).

가다머의 입장에서는 하이데거의 철학적 기획에 담긴 종교적 동기를 강조하는 게 중요하다. 그것은 루터가 인류의 죄스런 지위가 갖는 유한성과 그리스도의 희생이라는 사건에서 그리스도의 삶을 다시 중심에 위치시킨 걸 알게 된 한 젊은 천주교 신학자의 작업으로 시작되었다. 하이데거의 기획은 영혼의 여행이 갖는 특질을 띠고 있었는데, 긍정을 낳으면서 현존재의 실존의 "유한한 초월"에 관한 문제를 해소하는 것으로서 인간의 여정을 분석했기 때문이다. 그의 기획은 "시적 주거"를 추구했다는 점에서 신비주의의 특질을 띠었고, 외딴 시골인 블랙포레스트에서 사유하는 소박한 삶에 헌신했다는 점에서 수도자 생활과 같은 특질을 띠었다. 하이데거의 사유는 평범한 것들의 세계를 순전히 비범하고 신비로운 무언가로 전환시키는 영적 계시와도 같은 작업에 전념한다. 하지만 이런 사유는 분명 세계-내적인 계시인 만큼, 경험 너머에 놓인 세계의 암시를 추구하기보다는 우리가 항상 이미 사로잡혀있는 세속적 관여에 의미를 부여한다.

해석학과 하이데거의 존재론

가다머는 하이데거 사유의 탁월함과 깊이를 인정하는 데 결코 주저함이 없었고, 가다머의 생각들은 많은 경우 하이데거가 남긴 영향의 흔적을 보여준다. 가다머는 하이데거가 예술작품의 "존재사건(Ereignis)으로서의 특성"을 회복시켰다고 보았고, 이런 특성을 통해 예술적 놀이를 인간의 일반적인 이해 패턴과 연결시킬 수 있었다. 하이데거는 가다머에게 해석학적 현상이 존재론적 현상이라는 생각을 전해주었다. 가다머의 "진리와 방법" 이라는 저서 제목은 하이데거가 발전시킨 진리 개념을 환기하고 있는데, 그것은 은폐된 것의 어두움에서 나와 그러한 어둠에 둘러싸이고 그것을 통해 형성되는, 그리고 그런 어둠 속으로 후퇴하기 일쑤인 것으로서의 진리 개념이다(Heidegger 1993a; Gadamer 1994, 91-3). 이러한 하이데거의 영향에 대해서는 긴 목록을 늘어놓을 수도 있겠지만, 그렇다고 가다머를 간단히 하이데거주의자로 치부할 수는 없으며 존재론의 문제에 관해서도 마찬가지다(Schimidt 1994 참조).

가다머는 하이데거 사유의 거의 모든 발전 단계에서 뭔가 높이 살만한 것들을 발견해냈기 때문에, 그가 하이데거에게 모호하게나마 동의하지 않았던 점들은 독자들에게 잘 드러나지 않을 수 있다. 가다머는 하이데거의 난해한 용어법과 관련하여 반감을 아주 잘 드러낸다. 이러한 반감은 가다머가 하이데거의 "현존재" 대신 "의식(consciousness)" 이라는 단어를 사용할 때 이미 볼 수 있다. 하이데거는 새로운 존재론이라면 용어법 또한 혁신적이어야 한다고 보았다. 그러나 가다머는 새로운 철학적 관점을 전달하려면 이미 말로써 통용되는 언어에 어떤 효과를 주어야한다고 보았다. 하이데거의 언어가 더욱 더 기이하고 현학적으로 되어갈수록 그런 언어에 대한 가다머의 반감은 커져간다. 가다머는 하이데거가 한때 자신이 썼던 글을 읽으며 그 기괴한 언어에 대한 좌절감을 스스로 드러냈던 일화를 전한다. 하이데거 왈, "그런데 이거 완전 중국어군!" 이라고 했다는 것이다. 여기에 가다머는 이렇게 덧붙인다. "그의 말이 맞았습니다. 정말 중국어 같았죠." (1992, 128)

하이데거의 언어적 혁신에 대한 가다머의 반감 뒤에는 그들을 이끄는 논쟁 정신에 관한 입장 차이가 있었다. 하이데거는 역사철학과 관련하여 언제나 "파괴" 적 의도와 "회복" 적 의도를, 말하자면 논쟁적 동기와 해석학적 동기를 결합했다. 가다머는 하이데거가 이런 목적들을 결합할 때 성급한 습관이 있었다고 보는데, 하이데거가 자신의 사유 방식이 전통적으로 시도된 적이 없었고 전통 언어를 통해 사유될 수도 없으리라 가정한다는 것이었다. 이러한 하이데거의 논쟁적 경향은 이중의 결과를 낳는다. 하나는 전통적 관념들을 충분히 이해하기 전에 거부한다는 것이고, 다른 하나는 그가 해석하는 사상가들로부터 "회복한" 소재를 통해 자신만의 어떤 사유를 인식할 때가 많다는 것이다. 하이데거가 서구 사상의 존재 "망각"을 맹렬히 비난했을 때, 가다머는 망각의 순간이 언제나 회복의 기회이기도 함을 지적한 사람이었다(Gadamer 1986d).

따라서 가다머는 대부분 자신만의 독특한 용어법을 개발하지 않으려하며, 자신의 철학적 기획이 많은 형태의 인간적 노력 속에서 존재사건—밝게 드러나는 존재 특성—의 차원을 찾으려한다는 점에서 하이데거적이라고 묘사한다. 이런 목적을 위해 가다머는 "시간성"과 "역사성"을 철학적 용어로만 말하는 게 아니라, 역사와 역사서술 연구에도 전념하면서 해석학적 전통의 역사와 이론에 특별한 관심을 둔다. 이런 식으로 가다머는 하이데거의 기획을 발전시키는 동시에 그 방향을 전환한다. 위르겐 하버마스는 하이데거에 헌신하면서도 그 존재론적 기획의 방향을 재정위하는 이러한 결합적 노력을 근거로 가다머가 "하이데거의 지방색을 도시화한다"(Habermas 1983, 190)고 말한다. 이렇게 가다머의 해석학이 하이데거의 고립성에서 벗어났음에 근거하여, 하버마스는 그것이 현대 인문사회학과 큰 관련이 있다고 보게 되었다.

짓기와 장소의 존재론

하이데거의 저술이 예술과 건축에 미친 강력한 영향은 그 에세이들이 단순히 미학적이거나 현상학적이지 않고 존재론적이었다는 사실과 큰 관련이 있다. 예를 들어 하이데거는 "짓기(building)" 개념과 "거주(dwelling)" 개념을 역전시킨 걸로 유명한데, 거주를 지어진 건물들(buildings) 속에서 일어나는 무언가가 아니라 어떻게 지을 것인가(즉 '짓기[building]'의 방식—역자 주)를 밝혀주는 '세계 내 존재(being in the world)'의 상태로 생각했기 때문이었다. 이것은 존재자들(beings)로부터 더 큰 존재론적 맥락과 근거로 의식을 이행시킨 것이다(Heidegger 1971, 145-9). **건축적 사유를 존재론적 사유의 수준으로 효과적으로 끌어올림으로써, 하이데거는 건축을 궁극의 인간적 관심사와 재접속한 당대의 중요 인물이 되었다.** 그의 사유는 예를 들어 "장소" 개념을 "공간" 조작을 위한 기술로 환원하던 경향에서 탈피시켜 그 풍부한 인간적 함의를 학제적인 노력으로 회복시키는 역할을 수행했다(Casey 1993; 1997). 그의 이러한 사유를 핵심으로 삼는 카스텐 해리스는 바로크의 유미주의도, 아돌프 로스와 같은 모더니스트의 도덕주의도 아닌 건축적 에토스를 지향하려고 한다. 하이데거는 현대성을 전적으로 벗어난 존재의 무매개성에 대한 원초적 경험들에 관여한다(Harries 1997, 160-62). 그러나 하이데거가 "천지신명(하늘, 대지, 신성, 필멸자)"의 관점에서 고대적 상징의 의미 영역을 표현한 것이 정녕 현대성에 시의성을 줄 수 있는지의 여부에 대해서는 심각한 문제가 있다는 게 해리스의 생각이다. 이와 비슷한 관점에서 해리스는 하이데거가 전근대적인 블랙포레스트 농가를 건축적 의미가 완연히 실현된 패러다임적 사례로 다룬 것이 무슨 시의성이 있을까를 의심한다(1997, 162). 그런 것들을 어떻게 현대적 맥락으로 번역해낼까? 그와 같은 장소의 감각을 전혀 다른 풍경에서 전혀 다른 기술과 재료로 어떻게 지어낼까?

크리스티안 노르베르그-슐츠는 이 문제를 다루기 위해 하이데거의 건축적 성찰이 보여주는 관점을 확장하여 건축 역사 속의 연구들과 결합하고, 다양한 역사적 맥락에서 의미 차원을 이끌어내는 데 목적을 둔다(Norberg-Schulz 1975). 그는 일련의 저작들을 통해 기본적인 건축적 역학관계를 기초로 한 일단의 확장된 해석 용어들을 개발하는데, 하이데거의 대지와 하늘, 필멸자와 불멸자의 변증법에 취락

대 풍경(settlement to landscape), 경로 대 장소(path to place)와 같은 관계들을 추가하는 것이다(Norberg-Schulz 1979; 1985). 노르베르그-슐츠는 종종 하이데거와 가까운 입장에서 논의를 시작한다. 풍토적인 건축 형식에서 상징 요소들을 설명한 다음, 아이콘적인 주요 작품들과 마을 및 도시 전체의 조직을 해석하는 방향으로 나아간다. 어느 정도 노르베르그-슐츠는 이렇듯 하이데거적인 관점을 역사적으로 적용함으로써, 또한 이렇게 건축가들에게 친숙한 용어들을 통합하는 방향으로 나아감으로써, 하이데거의 건축적 사유를 가다머식으로 이끌고 간다. 하지만 이렇게 주장하기에는 복잡한 구석이 있다. 왜냐면 어떤 의미에서 얼마나 노르베르그-슐츠가 하이데거 사유의 특정한 존재론적 차원을 전유했는지, 또한 얼마나 노르베르그-슐츠의 접근이 건축의 (존재론이기보다) 현상학으로 기능하는지, 혹은 심지어 건축적 형태의 유형학으로 기능하는지가 불분명할 때도 있기 때문이다. 게다가 노르베르그-슐츠가 전념하는 건축 역사는 그의 유형학적 도식을 통해 들여다본 역사여서, 건축적 사유의 다양한 시대를 특징짓는 관념들을 해석학적으로 연구하는 해리스와 레더배로우, 페레스-고메스의 그것과는 다르다. 따라서 이 후자의 저자들이야말로 아마도 건축에 대한 가다머식 접근이 어떻게 하이데거식 접근을 발전시키는지를 더 잘 예증한다고 말할 수 있을 것이다.

로버트 뮤저로이어(Robert Mugerauer)는 또 다른 전략을 활용한다. 하이데거의 사유가 그의 언어와 불가분의 관계에 있다는 가설에서 시작하는 뮤저로이어는 아마도 여느 작가보다도 더 '집(home)'과 '집없음(homelessness)', '집으로 돌아옴(homecoming)'의 존재론적 의미를 통찰하기 위해 하이데거적 언어의 디테일을 탐구하는 작가일 것이다(Mugerauer 2008). 그의 작업은 하이데거의 후기 존재론에서 중요한 동력을 이루는 "땅 위에서 거주하기(dwelling on the Earth)"라는 개념을 확장한 것으로 볼 수 있다. 사물에 둘러싸여 일상생활을 영위하는 인간은 존재의 물음에 독자적으로 열리면서 세계 속의 집밖에(unheimlich) 존재하는 상태인, 실존의 낯섦(uncanniness/ Unheimlichkeit)을 망각한다. 이러한 낯섦을 발견하려면 낯선 사유의 영역으로 과감히 뛰어들어야 하며, 아울러 존재 안에 안락하게 존재하기 위한 새로운 방식들도 추구해야 한다. 뮤저로이어는 이러한 '과감한 모험'이 어떻게 하이데거를 시인의 언어로 이끌었는지, 어떻게 그가 시적인 말을 철학 용어들과 융합하게 되었는지, 그리고 어떻게 시와 철학이 결합하여 하이데거의 지극히 독창적인 존재론적 통찰을 낳게 되었는지를 꼼꼼하게 추적한다. 블랙포레스트의 풍경적 특수성은 이런 숙고에 중요한 요인이다. 하이데거가 보기에 이러한 풍경의 특수성은 모험의 시작점이자 여정의 종착점이요, 보호하고 보존할 의무를 발견하는 대상인 "집(고향)"의 기본적 특질들을 구현하는 거였다.

이런 식으로 가장 연상적인 하이데거식 표현들을 활용하며 존재의 미스터리를 지향하는 모든 하이데거 학자들은 특수성과 일반성에 대한 물음과 씨름해야 한다. 즉, 토트나우베르크의 전통건축에 둘러싸인 오두막집에서 그 많은 사유를 매혹적으로 써내려간 하이데거만의 특수한 풍경 속에, 얼마나 그와 *함께* 거주할 셈인가(Sharr 2006 참조)? 하이데거의 통찰은 그가 인용하는 시인들과, 그리고 그의 저작에서 전개하는 심원한 용어들과 얼마나 결부되는가? 하이데거 저술의 요점은 (뮤저로이어 등이 아주 분명히 밝히듯이) 모든 독자가 저마다의 삶 속에서 존재로의 유한한 열림이라는 자기만의 경험을 재발견하게 하는 것이다. **존재에 대한 숙고는 자기만의 사유를 변화시키는 걸 의미하지, 결코 자기만의 사유를 하이데거로 대신하는 게 아니다.** 하지만 이런 목적은 하이데거 자신이 고집스럽게 수행하는 그만의 특수한 용어법과도, 또한 독자 대부분이 하이데거의 텍스트에 자연스레 기대하는 지평의 희망을 저버리는 듯한 논쟁적 의제와도 종종 모호하게 결합하곤 한다.

하이데거의 의도와 모호성에 친숙하고, 토트나우베르크의 오두막집을 방문한 적도 많으며, 이 지역에서 여러 미학자와 건축이론가에게 영향을 준 많은 강의에 참석한 바 있는 가다머이지만, 그는 하이데거의 용어법 및 심상이 갖는 특수성과 또 다시 놀라운 거리를 유지한다. 가다머의 저술과 인터뷰는 하이데거 학자들의 연구가 엄밀하고 정확함을 높이 사면서도, 하이데거의 언어를 고스란히 구현하려는 그들의 시도가 하이데거에 대한 일종의 신앙처럼 되어버리기 십상이라고 우려한다. 가다머는 학자들이 하이데거의 부단한 정식화 시도를 본받되 자기들만의 상황과 물음을 반영하는 정식화에 힘쓰길 원했다.

언어의 존재론

하이데거는 "언어는 존재의 집이다(language is the house of being)" 라는 유명한 말을 남겼다. 이 진술에서는 언어에 많은 철학적 가르침이 있다는 소크라테스적 신념의 반향을 느낄 수 있다. 그리고 이 두 명의 철학자, 즉 소크라테스와 하이데거 사이에서 길을 찾았다고 볼 수 있는 가다머는 다음처럼 자기만의 유명한 선언을 했다. "이해할 수 있는 존재는 언어다(Being that can be understood is language)" (1990b, 474). 이러한 가다머의 진술은 존재에 대한 모든 철학적 성찰이 존재가 표현되는 방식에 대한 해석학적 탐구여야 함을 의도한다. 이해와 소통의 매체로서, 언어는 하나의 궁극적 지평을 형성한다. 하지만 이러한 궁극적 지평조차도 하나의 열린 지평이라고 주장해야만 한다. 언어는 언제나 의미들의 비결정적 가능성을 향해 열려있기 때문에, 어디에서나 '인식되는 미지(known-unknown)' 의 미스터리 속에 사로잡혀있다. 따라서 가다머가 '언어(language)' 를 얘기할 때, 그것은 결코 하나의 닫힌 지평에 불과한 단순한 기표 체계를 의미하지 않는다. 가다머가 말하는 '언어' 의 의미는 언제나 동사적 의미들을 작동시키고 경험을 말로 정식화하는 실존적 행위까지 포함한다. 언어는 그것을 적용하고 변경하는 지속적인 이해와 발견의 과정 속에 살아가는 것이다.

가다머의 독자들은 때때로 "이해할 수 있는 존재는 언어다"라는 주장을 통해 (건축 형태와 같은) 비언어적 표현 형식들이 불분명한 존재론적 지위를 지닐 수밖에 없다거나 아무쪼록 이해할 수 없는 게 틀림없다는 주장을 펼치곤 한다. 하지만 사실 가다머는 이런 의미 형식들을 그의 폭넓은 언어 개념인 '언어성(liguisticality/Sprachlichkeit)' 속에 포함시킨다. 말 없는 예술성은 말에서 떨어져 나와 다시 말을 지향하는, 그야말로 언어가 말하지 못하는 걸 구현하려함에도 우리에게 "말하는" 움직임 속에 실존하게 된다. 이러한 말 없는 "말하기"에서는 암시적인 제스처나 어린 아이의 옹알이처럼 기능하는 지표를 많이 경험할 수 있다. 가다머가 시각예술의 "웅얼거림"이란 개념을 통해 설명했듯이, 말 없는 작품은 언어적인 작품보다 뭔가가 없기보다는 말할 게 너무 많아 아무것도 표현하지 못하는 것일 수 있다.

더 근본적으로는, 가다머의 전체적인 철학적 노정이 존재의 신비로운 운동을 발견하려는 노력에 헌신한다고 말할 수 있다. 특수한 것들과 구체적인 것들이 *언어화하고*, 즉 어떤 소통가능성의 수준에 도달하고 나서야 경험 그 자체를 형성하는 운동 말이다. 이런 존재의 운동에 매료됨으로써, 비로소 가다머는 『진리와 방법』 제3부에서 중세 신학자 토마스 아퀴나스의 내적인 말씀(verbum interius)을 주제로 한 사상에 초점을 맞추게 된다. '내적인 말씀'이란 주제는 요한복음에 나오는 "말씀이 사람(육신)이 되심"이라는 기독교적 미스터리의 유비를 인간의 경험에서 찾으려던 아우구스티누스와 아퀴나스의 노력으로 출현한 것이다. 이런 맥락에서 "내적"이고 "외적"인 말의 구분은 "마음 속"과 "바깥 세계"의 대립구도를 뜻하는 것으로 보아선 안 된다. 이는 더 원초적인 의미에서 현실성과 이해가능성이 서로 얽힘으로써 말을 향한 도정을 만들어내고, (언어적 표현의 불가피한 불완전성 때문에) 다시 경험의 풍부함으로 이끄는 것으로 보아야 한다(Gadamer 1990b, 418-28; Arthos 2009; Grondin 2003, 134-7; Risser 2007). 이런 얽힘의 의미에 힘입어 가다머의 언어 존재론은 하이데거의 그것처럼 말하기의 경계에 위치하게 되며, 이 경계에서 시인과 예술가는 계시적인 힘을 향해 말의 암시성과 모호성을 탐구한다. 이러한 언어의 존재론은 말하기에 한계를 지으면서도, 언제나 아직 말해지지 않은 것을 향한 개시를 이뤄낸다.

시간의 존재론

하이데거의 존재론이 확실히 단언하는 것은 현존재의 존재 방식이 시간이라는 것, 즉 시간성(temporality)이다. 우리가 시간에 대해 생각할 때 늘 빠지기 쉬운 유혹은 우리 스스로를 시간을 관통하며 움직이는, 혹은 시간의 흐름 위를 배처럼 떠다니는 어떤 정적인 개체로 생각하는 것이다. 하이데거의 『존재와 시간』은 이런 심성의 전환을 시도하면서, 우리가 시간을 관통하며 움직이는 무언가가 아니라 움직임 자체로서 실존하는 무언가라고 말한다. 즉, (시간적인 현재라는 의미와 세계 앞에 현존한다는 의미를 모두 담는) 현전(現前, presence)의 경험은 오로지 예기된 미래가 과거로 후퇴하는 항상적 운동으로부터만 출현한다는 것이다. **현전은 정적인 상태가 아니라 항상 생성-소멸하는 운동이다.** 우리는 결코 단순히 세계 앞에 현존하지 않는다. 우리의 현전적 경험은 '아직 존재하지 않는 것'과 '더 이상 존재하지 않는 것'—상상할 수 없을 만큼 거대한 부재(不在, absence)의 두 형식—이 작동하여 나타나는 결과다.

따라서 우리의 존재를 전유하는 것은 우리의 시간적 유한성을 전유하는 것이다. 경험과 이해와 진리의 빛이 명멸해왔던, 과거와 미래로 뻗어가는 거대한 어둠을 깨달으면서 말이다. 하지만 이러한 깨달음에는 우리의 초월, 즉 우리의 놀라운 존재 자각 능력을 경험하는 순간이 있다. 이 순간은 우리를 단순히 어두운 시간의 움직임 속에서 일어나는 사건 이상으로 만들어준다. 이 깨달음의 순간(Augenblick)은 그야말로 빛을 집중시키는 순간이며, 그런 순간에는 시간이 그 의미를 드러내면서 함께 모이는 감각이 존재한다(Heidegger 2010, 312-14; Sheehan 2001).

하이데거의 시간 개념들은 가다머의 사유에 총체적인 영향을 주었다. 가다머가 항상 시간성을 고려하며 지평과 역사성의 개념을 전개할 때 이런 영향이 가장 분명히 드러난다. 하지만 여기서도 가다머는 하이데거의 통찰이 철학사 전체를 관통하는 시간적 사유와 보이는 차이를 따지기보다 양자의 연속성을 강조하면서, 매우 통상적인 경험에서도 깨달음의 순간을 찾으려한다(Gadamer 1970; 1972). 어떤 예술작품에 사로잡혀 감동을 받는 경험이 그런 순간일 수 있다. 계단통에서 갑자기 건물의 예술성이 배경과 독립하여 밝은 무엇으로 도드라지는 순간, 그때까지 하던 행동과 머릿속에 있던 목적은 단순한 사건들의 연속이기를 중단하고 문득 새로운 중요성을 획득하는 것처럼 보인다. 말하자면, "존재 증대"가 일어나는 것이다.

이 사례는 가다머가 건축에서 시간의 존재론을 중시함을 보여준다. 그는 점차 시각적이고 표피적으로 되어가는 건축미학에 불만을 드러내는데, 이러한 불만은 건축이 근본적으로 시간 예술이며 우리의 삶과 같은 서사적인 방식으로 우리를 향해 펼쳐질 때 우리의 존재 방식을 가장 잘 드러낸다는 확신에서 나온다. 오직 그러한 시간의 펼쳐짐 속에서만 시간을 함께 그러모으는 순간들이 — 가다머의 계단통이나 스티븐 홀의 원형적 경험, 혹은 빌 허버드의 디자인적 깨달음과 같은 순간들이 — 한껏 의미를 품고 일어난다. 말하자면 건축의 "어울림"은 단순히 미적이거나 경험적인 특질이 아니라, 존재의 시간성에 그 뿌리를 두고 있다.

의심의 해석학

"의심의 해석학(hermeneutics of suspicion)"이라는 구절은 의심과 합리성 및 자아의 증거를 의심하는 해석 형식들을 범주화하고자 폴 리쾨르가 처음 도입한 용어였다. 리쾨르가 이 용어로 가리키는 지적 운동들은 서양의 개념적 사유 전체에 대한 니체의 근본적 공격에 원천을 두고 있다. 니체는 모든 추상이 삶의 풍요를 약화시키고 삶에서 그 힘을 유출시켜 무기력한 "개념 미라들(concept-mummies)"로 환원시키며 서양 형이상학의 실천가들은 그러한 개념의 미라들을 위대한 이론적 체계의 납골당에 채워 넣는다고 주장한다. 니체의 주장에 따르면, 이런 사상가들이 보편적이고 초월적이며 개념적으로 표현되는 형이상학적 현실의 영역을 상상적으로 가정하기 때문에 실제 삶에서는 뭇사람과 똑같이, 말하자면 활력과 정복과 창조적 통제에 대한 욕망에 따라, 즉 힘에의 의지(will to power)에 따라 행동한다. 그렇다면 의심스러운 것은 철학 전통의 핵심인 모든 개념적 합리성의 주장이 순진하거나 표리부동하거나 둘 다에 해당한다는 것이다. 니체는 소크라테스 철학의 고도로 지성화된 도덕주의를 문화적 부패의 초기 증상으로 본다. 즉 소크라테스의 도덕주의는, (고귀한 투사가 등장하는 이야기에서 구현되어 그리스 비극에서 고급예술로 격상되었던) 삶의 투쟁이 존엄하다는 믿음과 멀어진다는 것이다 (Nietzsche 2006, 114-23, 456-85). 니체의 사유는 해석의 문제에 결정적 함축을 준다고 가다머는 말한다.

> "힘에의 의지"는 해석의 개념을 완전히 바꾸어놓는다. 해석은 더 이상 어떤 텍스트 진술의 분명한 의미가 아니라, 삶을 보존하는 가운데서 일어나는 텍스트와 그 해석자의 기능이다. 힘의 확장, 그것이야말로 너무나 인간적인 우리의 통찰과 인식이 갖는 진짜 의미다.
>
> (1984b, 58)

20세기 유럽과 미국 문화에서 니체의 영향은 도처에서 느껴졌지만, 대부분 프로이트의 정신분석이론을 통한 영향이었다. 당시 프로이트는 무의식적인 인간 의지가 강력하게 살아있다는 점에 주목했다. 이러한 무의식적 의지는 우리로 하여금 항상 어떤 심리수준에서, 사회가 우리에게 부과하는 도덕적 표준과 갈등을 빚게 하는 원인이다. 이런 의지는 자본주의가 주장하는 보편적인 경제적 합리성의 가면을 벗겨내고 그 이면의 지배 의지를 드러내고자 니체적인 의심을 활용한 마르크스주의 형식에서도 느껴졌다. 하이데거는 서양 형이상학의 합리주의적 토대를 거부한 니체의 영향을 깊이 받아, 그러한 합리주의적 형이상학이 20세기에도 여전히 근대 과학과 기술의 형이상학적 토대로서 계속되고 있다고 보았다. 하지만 하이데거는 니체에게도 어떤 면에서는 칸트와 쇼펜하우어에게서 각각 아주 다르게 발견되는 의지의 형이상학 같은 게 있다고 보았다.

니체의 개념들은 "포스트모던"이나 "후기구조주의"로 분류된 사상가들을 통해 더욱 급진적으로 발전되었다. 이런 사상가들로는 (누구보다도) 자크 데리다와 미셸 푸코, 장-프랑수아 리오타르, 질 들뢰즈, 장 보드리야르가 있다. 특히 프랑스 지식인 사회에서 페르디낭 드 소쉬르와 에밀 방브니스트의 구조주의 언어학과 클로드 레비스트로스의 구조주의 인류학, 그리고 자크 라캉이 구조주의적으로 재해석한 프로이트주의는 니체적인 문제를 의식적 이성과 활력적 의지 사이의 갈등보다 더 폭넓게 제시했다. 구조주의는 모든 종류의 상징화와 의미화 속에서 불가피한 이항 대립 패턴을 드러냈는데, 이런 패턴은 의식의 합리적 사유가 주장할 법한 모든 자율성을 한층 더 침해하는 듯했다. 말하자면 언어와 의식과 의미를 질서지우면서도 의식적으로 정복하거나 통제할 수 없는 기표들의 체계가 작동하는 것이었다.

구조주의나 후기구조주의와 연관된 저작들은 너무 많아서 여기서 요약하기가 어렵고, 대신 〈건축가를 위한 사상가〉 시리즈의 책들을 추천하고 싶다. 다만 자크 데리다의 해체주의 철학은 우리의 주제와 특별히 관계가 있는데, 데리다와 가다머의 대화를 기획했던 1980년대의 시도가 악명 높은 실패로 귀결되었기 때문이다. 1981년에 파리의 한 컨퍼런스에서 가다머는 자신의 해석학적 철학에서 다루는 광범위한 주제들을 발표했고, 이에 대해 데리다는 의외로 간략하게 세 가지의 비판적 질문만을 제기했다(Gadamer 1989; Derrida 1989a). 첫 번째 질문은 이해에는 적정 수준의 선의지(good will)가 필요하다는 가다머의 주장을 겨냥한 것이었다. 즉, 이것은 하이데거가 반대했던 바로 그 의지의 형이상학 같은 걸 재도입하는 게 아닌가? 두 번째 질문은 정신분석적 관점을 참조한 것이었다. 즉, 가다머는 근거 없이 의식의 작동을 특권시하고 있지 않은가? 세 번째 질문은 합의에 도달한다는 생각에 관한 것이었다. 즉, 타자와의 만남이 합의에 도달하리라는 가정에는 일종의 선입견이 작동하고 있지 않은가? 이런 질문들은 그 비판적 성격과 더불어 가다머에 대한 관심을 간략하게 정리함으로써, 두 사상가가 매우 다르다는 인상을 준다.

가다머와 데리다가 공유하는 현상학과 하이데거 철학의 영향이 두 사람의 토론에 공통된 출발점이 되길 바란 사람들이 많았지만, 하이데거가 니체를 어떻게 활용했는가에 대해 두 사람의 입장이 갈리면서 거의 처음부터 이견이 발생했다. 서양 사상의 화석화된 형이상학적 범주와 싸우던 하이데거는 니체의 반(反)-개념주의에서 자신과 공명하는 목소리를 발견했지만, 니체가 내세운 의지의 철학은 하이데거에게 또 다른 종류의 형이상학으로 느껴졌다. 데리다는 니체가 정초하는 철학적 언어의 변화를 하이데거가 간과했다고 본다. 데리다가 보기에 니체가 개념주의를 공격하면서 수사학적이고 문학적이며 논쟁적인 담론 형식을 포용한 것이 하이데거에게는 모호하게 느껴졌지만, 이런 니체의 면모는 하이데거 자신의 평가보다, 혹은 하이데거 자신의 성과보다 더 급진적으로 형이상학과 단절하는 것이다. 반면 하이데거의 사유는 니체처럼 시적인 계기에서마저도 늘 존재하는 만물의 근거를 찾고 있으며, 이것은 플라톤과 아리스토텔레스의 로고스(logos)-철학이 추구하던 목적과 동일하다는 것이다(Derrida 1989b).

이런 관점에서 보면, 가다머는 하이데거보다도 덜 급진적이고 더 로고스중심적일 것이다. 왜냐면 가다머는 언어에 관한 니체의 많은 격언들을 거부했을 뿐만 아니라, 니체가 고대 철학자들의 근원적 통찰을 오해하고는 언어와 현실의 관계가 임의적이라는 점을 그럴듯한 철학적 결론이 아닌 어떤 분명한 도그마로서 정초했다고 믿었기 때문이다. 주장컨대, 형이상학적 전통을 일으킨 근본적인 물음은 이런 것이리라. "왜 사물은 다른 사물과 유사한가? 왜 패턴이 존재하는가?" 니체와 데리다는 그런 질문에 대한 대답의 가능성, 심지어 그런 대답이 바람직한가의 여부 자체를 의심한다. 현실을 이해할 수 있다는 생산적 시도에 어떤 희망(그리고/혹은 관심)도 품지 않게 되면, 방향성이 있는 의식적 사유는 은유적이고 환유적인 무의식적 연상보다 전혀 특별한 지위를 차지하지 않게 될 것이다. 이렇게 보면 하이데거와 가다머는, 그들이 형이상학적 이론을 얼마나 많이 거부했건 간에 여전히 그런 이론에 영향을 준 "본질(essence)"의 물음에 몰두하는 만큼 여전히 "형이상학자"다.

데리다가 패턴화의 이유를 묻는 물음을 의심한다고 해서 그가 분명히 표출되는 패턴에 무관심하다는 말은 아니다. 반대로 그가 구조주의 언어학에 몰두한 것은 그 범위와 상세함에 있어 가다머가 고전 문헌학에 몰두한 것에 비견할 만하다. 하지만 그 패턴에 관해 데리다는 다른 물음을 제기한다. **데리다주의자라면, 가다머보다 데리다가 우리의 의도를 벗어나***(in spite of)* **우리의 발화와 행동을 형성하는 패턴에 훨씬 더 주목한다고 할 것이다.** 언어의 구조들은 우리의 의식을 훨씬 넘어선 어떤 지점으로 우리를 인도한다. 하지만 언어는 그 무엇도 언어학이나 철학적 전통에서 상상해온 것처럼 정갈하게 작동하지 않는다. 모든 구분과 분절된 차이는 그것과 구별되는 모든 것에 의존하여 분명해지므로, 차이를 보이는 동시에 그 대안들에 대한 관계를 보유한다. 이러한 모호성을 가리켜 데리다는 "차연(差延, différance)"이라는 모호한 용어로 일컬었다. 해체(deconstruction)가 취하는 방식은 텍스트가 바로 이런 걸 분명히 제쳐두는 동시에 내포하는 다양한 지연(deferral)의 전략—연상(association), 암시(intimation), 시사(suggestion), 승화(sublimation)—을 따르는 것이다(Derrida 1982). 정신을 담론적 사유의 한계 속에 가둘 위험을 거부하는 해체론적 기획은 종종 놀이적이며, 분명 가다머가 높이 살만한 예술성을 견지한다. 하지만 가다머는 이러한 해체론적 기획이 단지 부정적인 전략으로만 애써 경로를 잘못 한정하면서 제한된 종류의 통찰만을 낳는다고 생각할 뿐이었다.

> 당신은 잘못된 선입견들을 놀랍게 변형하는 식으로만 시작할 수 있습니다. 이런 변형들이 이뤄지는 순간은, 어떤 계시의 빛이 갑자기 번뜩였다가 텍스트 내의 같은 꼴을 다시 찾아보면 역시나 사라지고 마는 순간이죠.
>
> (Gadamer, et al. 2001, 62)

데리다의 세 번째 물음은 그가 대화와 더불어 "서로를 이해하기" 위한 노력을 허울뿐인 것으로 의심한다는 걸 보여준다. 구술적인 발화는 화자가 언어를 통제한다는, 즉 화자가 단일하고 안정적인 의미들로 적절히 말함으로써 언어를 강제할 수 있다는 환상에 종속된다. 하지만 서술된 텍스트에서는 언어의 방식들이 그 모든 모호성 속에서 더 잘 드러난다. 해체는 바로 이 텍스트를 다룸으로써, 저자가 의도하지 않았을 수도 있는 함축과 내포를 가장 잘 드러낼 수 있다. 데리다는 (가다머 해석학의 핵심을 이루는) 대화를 통한 이해라는 공언된 목적에 대화 상대의 타자성을 흡수하여 동화시키려는 욕망이 있다고 의심한다. "합의에 도달하기"란 언제나 자신의 분명한 입장에서 무언가를 포기하는 걸 뜻하는 만큼, 그러한 목적은 타자에게서도 무언가를 포기시키려는 욕망을 틀림없이 감추고 있다는 것이다. 데리다는 의견의 불일치를 존중하는 태도가 더 좋다고 보기에, 상호

이해를 조건으로 하지 않고 타자의 타자성을 일부러 보존하는 관계를 선택한다. 이런 관점에서 보면, 데리다가 가다머와 대화에 돌입하지 않은 게 왜 중요했는지를 이해할 수 있다. 그런 대화의 행위에 나섰다면 해체의 목적과 가정 가운데 무언가가 포기되었을지도 모른다(Simon 1989; Madison 1989).

가다머와 데리다의 입장을 이런 식으로 대립시켜 바라보게 되면, 결국 실질적인 관점에서 이 논쟁의 핵심 질문에 도달할 수밖에 없다. 나는 여기서 인간관계의 형식을 추구하는 문제가 조작과 폭력보다야 낫다는 데에는 두 사상가가 동의할 수 있을 거라 말하고 싶다. 가다머에게는 이 문제가 언제나 철학의 가장 가치 있는 목적이었다. 해석학은 적어도 그런 목적에 작게나마 기여하는데, 이해를 추구하고 이성적 합의에 도달할 때까지 수반되는 몇 가지 복잡한 문제들을 조명하기 때문이다. 가다머는 언어의 잠재성 속에서 적개심을 낳는 차이들을 돌파할 수 있는 어떤 열림에 귀를 기울인다. 데리다는 꽤 반대되는 관점을 취한다. 서양이 전 지구적으로 지역 문화들을 동질화하며 소멸시켜온 역사적 투쟁이 예증하듯이, 대화의 목적이 일종의 언어적 동질화인 이상 그러한 목적 자체가 동질성을 선호하는 편향성을 띠기에 적개심이 끝날 수 없다는 것이다. 하지만 여기서 가다머는 이렇게 말할 것이다. 데리다는 동질화도 대립도 아닌 무언가, 즉 제삼의 종류를 성취해내는 언어의 능력을 과소평가했다고 말이다. 또한 대부분의 인류 역사상 적을 만드는 기반이 되어온 타자성이 이제 평화로 가는 길을 열어 주리라고 데리다가 믿는다면, 철학적 해석학은 의심의 철학자가 보이는 그러한 급작스런 낙관주의를 문제시해야한다고 말이다.

가다머와 데리다에 관한 이 모든 진술은 이 문제를 팽팽한 대립 구도로 보는 쉬운 길을 택한다. 이렇게 다른 두 관점 사이에 모종의 수용이나 생산적 관계가 가능할지를 판단하기란 더 어렵지만, 수많은 학자들이 이 복잡한 과제를 수행해왔다. 예를 들어 제임스 리서(James Risser)는 가다머적인 인식의 순간과 진리 경험의 배경에 (우리의 유한한 본성 때문에) 결코 완전히 밝힐 수 없는 무한한 잠재적 의미가 숨어있다는 사실에 누차 주목해왔다. 말하자면, 생각보다 더 데리다에 근접하는 가다머만의 어떤 해명할 수 없는 특질이 그의 의미와 진리 개념에 있다는 것이다(Risser 1997, 128-38, 163-8; 2000). 리처드 번스타인(Richard Bernstein)은 가다머와 데리다의 만남을 생산적 긴장을 낳는 일련의 비판과 응답으로 다시 그려냈다.

> 한편으로, 가다머는 데리다가 책임 있는 결정과 행동에 아주 근본적이라고 여기는 협상이 실천지[實踐知, phronesis[프로네시스]]의 형식과 같은 것임을 이해할 수 있게 해준다. 다른 한편으로, 데리다는 실천지의 복잡성과 위험성을 제기한다. 그는 이것을 기술적인 계산으로 환원하지도 말고 단순히 어떤 보편적 규칙을 따르지도 말라고 경고한다. 그의 언어에는 언제나 우리가 (윤리적 결정이건 정치적 결정이건 간에) 책임 있는 결정을 내릴 때 맞닥뜨려야 하는 어떤 간극, 즉 심연이 있다.
>
> (Bernstein 2008, 597-8)

애드리언 스노드그래스와 리처드 코인은 디자인 교육 분야에서 가다머와 데리다를 유사하게 수용하려한다고 할 수 있다. 그들은 점점 파편화되어가는 건축의 교육구조를 다시 통합하는 데 도움이 될 수 있는 해석체계를 가다머에게서 발견하며, 건축역사에 대한 가다머의 접근이 단순한 보수주의로 빠지지 않고도 모더니즘이 만들어놓은 "디자인 건망증(design amnesia)"을 극복할 하나의 방법이라고 본다(Snodgrass and Coyne 2006, 131-46). 하지만 현대적 상황에서 건축의 전통을 진척시키려면 새롭고 다른 것에 계속 열려있을 필요가 있으므로, 타자성에 대한 데리다의 근본적 이해와 그것이 필연적으로 상정하는 상식의 와해에도 역시 가치가 있다. 일반적으로 포스트모더니즘이, 특수하게는 데리다가 건축 실무에 미친 영향을 따져보는 코인은 우리에게 형태와 양식의 문제로 바로 뛰어넘지 말라고 적절히 경고한다. 나는 국제양식의 전형적 특질과 단절하려던 포스트모더니즘 건축은 모더니즘 자체와 결별한 게 아니라, 언제나 모더니즘 회화와 조각에 전형적이었던 모험의 자유에 똑같이 몰두했다고 말하고 싶다. 역사적인 건축 형식들을 과장하여 인용한 많은 사례의 아이러니와 유희성은 분명 포스트모던 이론과 연관이 있었지만, 그 방식은 종종 포스트모던 이론을 하나의 양식으로, 아니 새로운 유미주의의 형식으로 환원하는 듯했다. **초기의 해체주의 건축가들은 "해체" 개념을 다소 직설적으로 차용하여, 무너져 내리거나 파열하거나 제자리에서 폭파하는 듯한 건물을 만들어냈다.** 이렇게 조악하게 전유된 해체주의는 데리다가 추구한 겸손과 열림과는 반대되는 무언가를 낳았고, 더더구나 건축가 모셰 사프디(Moshe Safdie)의 유명한 비난을 촉발시켰다. 그것은 이러한 건축적 오만이 직설적으로 상상된 해체주의의 명령에 건물의 사용자들을 복종시키고, 그들을 파괴적 이미지를 통한 폭력의 찬양에 가담케 한다는 비난이었다(Goldberg 2009, 10-11).

그렇게 데리다의 개념을 건물의 형태로 변형할 때, 코인이 보기에는 아마도 데리다의 사유가 건축 분야에 주는 가장 중요한 의의라 할 수 있을 무언가를 놓치게 된다. 그것은 해체가 교육에 특별히 전해주는 중요한 이론적 기여다. 데리다의 질문들은 지적 전통 전체에 관여하는 만큼 가다머의 해석학적 기획과 이론적 공간을 공유하지만, 해체는 이 공간에 어떤 근본적 물음의 형식을 도입한다. 그것은 가다머도 역시 기대했던 초월적 열림을 요하는 물음이며, 디자인은 마땅히 바로 이런 종류의 근본적 열림을 열망해야 한다(Snodgrass and Coyne 2006, 95-107; Coyne 2011).

초월과 미스터리

철학의 역사는 존재에 대한 철학적 물음이 오랫동안 신성한 초월, 혹은 신의 존재에 대한 물음과 얽혀있었음을 보여준다. 가다머의 사유는 이런 연관성에 대한 예리한 이해와 식견을 곳곳에서 일정하게 보여주지만, 종교적 전통의 삶에 열려있는 사람이 보일법한 수준에는 훨씬 못 미친다. 가다머는 종교적인 철학이나 종교 철학과 유사한 그 무엇의 생산도 끈질기게 피한다. 그는 유한한 한계를 지닌 인간의 철학적 범주들이 신성한 것을 사색하기에 전혀 적절치 않다고 보며, 그런 사색을 할 수 있는 자는 "신이어야 할 것"이라고 말하길 좋아했다. 프레데릭 로렌스(Frederick Lawrence)는 이러한 가다머의 입장에 칸트주의의 중요한 확신이 지속되고 있음에 주목했다. 즉 경험 너머를 사색하는 것은 해명할 수 없는 이율배반(antinomy)들 속에 휘말리는 것이라는 칸트적인 확신 말이다(1990). 가다머는 루터주의(Lutheranism)에 배경을 두고 있는데, 루터주의는 인간의 영역과 신의 영역을 가르는 원죄(sin)의 심연을 강조한다. 그러나 이러한 그의 배경도 때로는 그가 신학을 의심하는 원인으로 언급되곤 할 뿐만 아니라, 가다머 자신은 신앙인이 아니었음을 주지해야겠다. 물론 그는 신앙인이 되는 게 얼마나 좋을지 자주 상상한다고 말했지만 말이다(Grondin 2003a, 335-6).

하지만 종교에 관한 가다머의 철학적 입장은 해석학의 역할을 겸손한 것으로 이해한다는 데에 그 핵심이 있다고 말하고 싶다. 해석학이 전통을 해석하는 만큼, 가다머도 해석자로서 종교적 전통과 관계를 맺는다. 그 자신의 해석학이 분명히 주장하듯, 믿음의 지평에 깊이 열려있지 않고는 그런 전통들을 해석할 수가 없다. 나는 가다머가 신앙적 전통에 대한 자신의 열린 자세에서 해석학적 특질을 자각할 뿐만 아니라 그것을 자랑스러워도 한다고 말하고 싶다. 그는 이런 면에서도 자신을 하이데거와 대비시킬 수 있었을 것이다. 가다머는 하이데거가 철학 인생을 통틀어 신을 향한 탐구에 헌신했다고 자주 말했다. 이런 주장은 놀라운 것인데, 하이데거는 일찍이 자신의 기독교 성서 읽기에 영향을 주었던 초기 카톨릭주의와 루터주의의 개념들로부터 스스로 등을 돌렸기 때문이다. 결국 하이데거는 나중에 기독교 철학을 "형용모순(round square)이자 오해"라 불렀으며, 자신의 철학적인 관심 주제였던 "존재"가 어떤 지고한 존재자와는 다르다고 말했다. 하지만 가다머가 보기에, "존재자들의 존재를 가정하는 것"에서 신성한 것의 물음에 접근하는 전혀 새로운 방식을 듣는 건 결코 잘못된 게 아니었다. 그것은 신을 "하나의 존재자"로 가정하면서 시작할 때 도입되는 왜곡에 저항하는 방식이었다(Gadamer 1994, chs. 14-15). 하지만 이런 사실 속에서 떠오르는 의미는, 하이데거가 더 진정한 신 개념을 위해 종교적 전통들과 경쟁하고 있었다고 볼 수 있으며 이것이 그런 전통들의 목소리 자체에 귀 기울이는 하이데거의 능력을 제한할 수도 있다는 것이다. 가다머는 스스로를 해석자로 이해하면서 그러한 모든 경쟁을 조심스럽게 피한다.

가다머는 초월이라는 주제에 관심을 돌릴 때면 종종 그리스인들을 언급하곤 했다. 그는 소크라테스와 플라톤이 동시대인들의 종교적 가정에 대담하게 도전하는 방식의 특수성에 언제나 매료되었다. 예를 들어 『에우튀프론(Euthyphro)』이라는 대화편에서, 고집 센 한 젊은 성직자는 종교적 경건함이란 신들의 소망에 복종하는 것이라고 쉽게 정의한다. 하지만 소크라테스는 "신들"이라는 말이 항상 다른 이들과 다투며 싸움을 거는 웅대한 등장인물들이라면 복종은 무엇을 의미할 수 있는지를 의심한다. 이러한 소크라테스의 물음에서 볼 수 있는 것은 철학이 전통과 마주하며 드러내는 비판의 대담성인데, 말하자면 신성한 것이 시인들의 작품에서 발견되는 다소 비합리적인 피조물보다 뭔가 더 나은 것일지를 의심할 정도의 대담함이다. 소크라테스의 물음에 함축되어 있는 것 또한 하나의 윤리적 도전이다. 즉, 이렇게 묻는 것이다. 이와 같은 신들을 정녕 숭배할 가치가 있는가? 하지만 소크라테스가 호메로스 신화를 대신하여 제시하는 것은, 어떤 대안적인 종교가 아니라 철학자의 부단한 의심과 학습된 무지다. 가다머는 이것이 현대 철학자들에게도 적합한 자세라고 본다.

이런 자세는 계몽주의의 지적 상속자들처럼 종교적 언술에 반대하는 게 아니지만, 종교적으로 말하지는 않는다. 이런 자세는 종교적 신앙들에 맞먹는 철학적 등가물을 제공하는 게 아니라, 사유 속에서 그런 신앙들을 중재할 어떤 가능성을 제공한다. 실제로 말년의 가다머에게 가장 중요한 숙제는 이것이었다. **세계의 주요 종교 문화들을 극복하는 게 아니라, 그런 문화들이 서로를 더 잘 이해하게 되는 것 말이다**(2004, 140-41).

종교와 신학에 관심 있는 이들이라면 이렇게 종교적 경험에 적극적으로 열려있는 자세를 거의 그대로 채택하여 번안할 수 있다. 예컨대, 안드레이 비어진스키(Andrzej Wiercinski)의 문집『인간적인 것과 신적인 것 사이(Between the Human and the Divine)』(2002a)에 실린 아주 다양한 에세이들은 이런 번안을 아주 풍부하게 보여준다. 아르토스(Arthos 2009)와 로렌스(Lawrence 2000; 2009)와 비어진스키(Wiercinski 2002b)는 가다머가『진리와 방법』에서 내적인 말씀과 삼위일체 신학을 분석한 방식을 더욱 발전시킨다. 월터 라미(Walter Lammi, 2008)는 가다머를 부정신학(negative theology)의 전통과 결부시킨다. 그리고 이러한 번안은 건축 연구에서 건축의 종교적 의미에 대한 린제이 존스와 토마스 배리의 해석에도 기여한다. 하지만 루돌프 불트만(Rudolf Bultmann)과 카를 라너(Karl Rahner)가 하이데거의 존재론에서 완연한 기독교 신학을 발전시킨 것처럼 가다머를 번안하기는 매우 어려울 것이다(Macquarrie 1955; Sheehan 1987). 가다머는 불트만과 수년간 함께 연구했지만, 불트만이 복음서에 적용한 "탈신화화된" 하이데거식 독해에는 결코 이끌리지 않았다. 불트만이 하이데거를 통해 기독교적 메시지의 핵심에 도달할 수 있었다고 해도, 그런 생각이 텍스트의 이해에는 유효해보이지 않았기 때문이다(Gadamer 1984a, 11).

여기서도 볼 수 있듯이, 가다머는 해석학적 존재론을 역사적 진보가 낳는 궁극의 철학적 산물로 만들려는 경향에 저항한다. 가다머에게 해석학은 종교적 진리나 심지어 철학적 진리를 표현하기 위한 대안적인 언어가 아니다. 그것은 언제나 모든 종류의 전통 속으로 향하는 하나의 길이다. 가다머는 자기만의 궁극적 철학으로 보이는 무언가를 발전시키기를 경계하는 자세 때문에 자신이 "존재(Sein)" 보다 "현(Da)" 에 더 신경 쓰는 현존재(Dasein)의 철학자로 보일 것임을 인정한다(Gadamer 2004, 130). 하지만 이러한 '현' 을 정의하는 한 가지 부정할 수 없는 특징은 인간의 의식이 우주의 통상적 사태와 어긋난 채 언제나 그것의 자각과 의문 덕분에 돋보이는, 어떤 친숙하면서도 낯선(uncanny) 방식에 있다. 그러한 의문은 모든 존재론과 철학, 그리고 실로 모든 종류의 종교적 추구에서 핵심에 위치한다. 종교가 제기하는 것은

> 우리에게 피할 수 없는 어떤 질문, 즉 아마도 우리의 상호이해 속에서 우리 모두를 통합시키는 어떤 희망 아니면 오히려 어떤 과제일 것이다. 이러한 궁극의 윤리적 과제는 우리 자신의 실존을 묻고 이해하는 단 하나의 과제와 분리할 수 없다.
>
> (2004, 143)

해석학적 마인드의 건축가

이 책에서 나는 가다머의 철학을 해설하면서 그의 철학이 주는 건축적 의의를 하나가 아닌 여러 종류로 묘사했다. 나는 이런 시의적인 형식들을 별개의 장들로 나눔으로써, 건축가가 해석학에서 찾을 수 있을 다양한 종류의 가치 사이에 존재하는 차이를 강조하고자 했다. 하지만 이렇게 다양한 해석학의 외양은 단일한 해석학적 패턴을 구현하기 때문에, 건축가들이 직접 개입하는 다양한 상황과 활동에 일체감을 주기에도 유익할 수 있다. 그렇다면 내가 전개한 논의의 결론으로서, 해석학이 건축에 주는 다양한 형태의 의의들을 다시 간략히 정리해보고, 그 바탕이 되는 일체성을 지적한 뒤에, 해석학적 마인드의 건축가가 가질만한 특질을 묘사하며 끝맺는 게 좋을 거 같다.

우리는 예술에서 놀이라는 개념으로 시작했다. 가다머는 놀이가 예술을 정의하는 특질이라고, 또한 이런 특질은 예술가가 놀이의 내재적인 역학관계에 스스로를 내맡길 때 자유로워진다고 주장한다. 동시에 놀이의 중요성—가장 진지한 예술작품에서 놀이가 갖는 기초적인 존재감과 많은 진리추구의 형식들과 놀이가 갖는 친연성—을 강조함으로써, 가다머의 사상은 건축적인 창조성과 의미가 문화적으로 중요하다는 강력한 논거를 제공한다. 따라서 해석학적 놀이 개념의 영향을 받은 건축가라면 창조적 논거를 얻은 기분이 들어 그러한 창조성을 북돋우고 싶을 것이다.

우리는 놀이에서 역사로 화두를 옮겨왔는데, 특히 오늘날의 건축이 과거를 포용할 것인가 과거로 남겨둘 것인가라는 물음에 초점을 두었다. 가다머의 해석학은, 불가피하지만 종종 과소평가되어온, 과거가 현재에 미치는 영향을 강조함으로써 현재와 과거의 대결이라는 모더니즘적 딜레마가 대개는 잘못된 딜레마임을 보여준다. 해석학적 깨달음이란, 단순히 과거를 거듭할 수도 없으며 그렇다고 단순히 역사에서 빠져나올 수도 없다는 깨달음이다. 이런 생각을 이해하게 되면, 건축가들은 자신의 일이 건축의 역사와 창조적으로 대화하는 일이라고 생각하게 될 것이다. 즉, 지속적으로 과거에 대한 비판적 해석을 수행하게 되는 것이다. 앞서 사라졌지만 현대의 삶 속에서 꾸준히 공명하는 것과 대화하며 태어나는 무언가로서, 과거와 미래의 건축이 갖는 의미를 이해하게 될 것이다.

우리는 지속하는 문화들의 역사에서 건축의 역할이 특별히 인문학에 가깝다는 걸 보았다. 가다머의 관점에서 보면 건축은 인문학에서 멀어질수록, 또한 그 스스로를 기능적인 문제에 대한 일단의 기술적인 해법 위주로 상상할수록 위태로워진다. 건축은 인문학에 가깝기 때문에, 인문학 자체가 위기에 처하는 만큼 위기에 처한다. 전문단체와 고등교육기관이 자신들의 기초 임무와 유일한 경쟁방식이 인문학을 방치하고 과학기술 분야에 재원을 쏟아 붓는 거라고 생각하기 시작할 때, 위기에 처하는 것이다.

우리가 보았듯이, 가다머는 해석학을 실천철학으로 특징지으면서 "실천적"이라는 말이 단순한 표면적 태도나 주변상황에 따른 비전의 포기를 뜻할 필요가 없음을 보여준다. 지평들의 역할을 자각하고 지평들의 특질에 열린 자세를 취함으로써, 건축 프로젝트를 완수하려면 성공적이어야 하는 "경청"과 협상의 깊이를 키울 수 있다. 진지하고 사려 깊은 과정에서 태어나는 이해와 공동체의 특질은 건축의 목적을 실현하는 데 장애물로 기능하는 게 아니라, 그 자체로 가치가 있는 특질이다.

가다머의 해석학이 존재의 철학으로, 즉 하나의 존재론으로 생각된다는 사실은 해석학적 마인드의 건축가에게 건축이 철학처럼 실존의 미스터리를 궁금해 하는 가장 심오한 길을 지향할 가능성이 있음을 상기시켜준다. 그 모든 유희성과 즉각적인 실용성, 그 모든 제약적인 상황과 의뢰인의 복잡한 동기, 건축이 창작물을 내놓기까지 맞닥뜨려야 하는 공공의 소극적 태도에도 불구하고, 건축은 언제나 정신과 영혼을 최종적인 사물로 전환하는 잠재적인 힘을 품는다.

이 다양한 해석학적 통찰의 형식들을 — 놀이와 역사적 이해, 인문주의적 학습, 실질적 상호소통, 존재론의 측면에서 — 일체화하는 것은 해석학적 현상 그 자체의 일체성이다. 우리는 모든 상황에서 하나의 공통된 세계에 어떤 효과를 낼 수 있을 만큼 놀이하거나, 질문하거나, 해석하는 식의 합목적적 행위를 하지만, 그런 행위 속에서 자신이 자기 고유의 것이 아닌 의미의 형식들 속에 사로잡혀있음을 발견한다. 어떤 효과를 내고 싶어 하는 욕망 그 자체, 즉 자신의 목적들이 취하는 구조 그 자체가 뭔가 더 큰 의미의 세계에, 즉 자신의 의식이 단순한 참여자를 넘어 어떤 결과이자 효과이기도 한 세계에 기원을 둔다는 걸 발견한다. 해석학적 마인드를 갖는다는 것은 무엇보다도 자신의 삶과 작품 전반을 통틀어 이런 패턴의 작동에 민감하게 응하는 것이다. 말하자면 그것은 패턴을 찾는 것이고, 그런 패턴의 식별로 이해와 오해의 차이를 만드는 데 일조할 만한 상황들을 찾는 것이다.

그렇다면 마지막으로, 해석학적 마인드의 건축가는 무슨 특질을 지니는가? 그것은 일종의 감수성이라 말할 수 있을 것이다. 놀이가 적절한 곳이 어디인가에 대한 감수성, 문제해결의 단서가 언어와 역사적인 자료 속 어디에 숨어있을까에 대한 감수성, 말하기보다 듣기가 더 적절할 수 있는 순간, 그러니까 타인의 가정을 의문시하기 전에 자신의 가정부터 의문시해야하는 순간에 대한 감수성 말이다. 이런 감수성에는 앎이 깃든다. 물론 단지 일정한 지식을 보유했다고 해서 어느 건축가가 해석학적 마인드를 갖고 있다고 말할 순 없다. 이런 앎은 엄밀히 말해 어떤 경험이나 기술의 문제가 아니니다. (물론 그런 것들도 그 나름의 역할을 수행하지만 말이다.) 오히려 그것은 주의를 기울이고, 탐구하고, 인식하고, 예상하고, 질문하고, 가능성과 더불어 놀이하는 하나의 방식이다.

해석학적 마인드의 건축가가 지니는 특질은 짐짓 소크라테스적 개념의 지혜를, 아울러 소크라테스가 그런 지혜를 추구할 때 밟아야한다고 믿은 우회로를 연상시킨다고도 할 수 있다. 지혜는 엄밀히 말해 일종의 지식이나 기술, 혹은 특정 유형의 인격이 아니지만, 여하간 이런 것들을 완성하는 화룡점정이다. 소크라테스는 지혜롭다고 여겨졌지만, 그는 자신의 모든 지혜가 주로 스스로의 무지에 대한 자각으로 이루어진다고 주장했다. 이러한 자각이 낳은 초조함은 그를 더 위대한 이해를 좇는 영원한 탐구자로 만들 만큼 깊었고, 그는 신성한 의무를 수행하듯 탐구에 전념했다.

지혜는 바람직한 만큼이나 포착하기 어렵다. 모두가 지혜로운 국가 지도자와 지혜로운 의사를 찾는다. "지혜로운 건축가"에 대해 말하는 건 좀 이상하고 과장스럽게 들리기도 한다. 그러나 여전히 건축가가 부닥쳐야하는 모든 도전, 즉 예술의 야심과 전통의 유산, 기술의 한계와 기회, 이해당사자들의 기대에 부응하면서 헤쳐가야 하는 그 모든 다양한 결정의 상황을 감안하자면, 확실히 건축가에게 필요한 건 단순한 지혜를 넘어 솔로몬의 지혜일 법하다. 그 모든 위험과 해악을 헤쳐 가며 적절한 길을 밟아 어떤 값진 목적에 다다르는 지혜 말이다.

더 읽을거리

이 책에서와 같이 한 주요 사상가의 저작들을 간략히 설명하는 것은 기껏해야 여러 개의 문을 여는 열쇠 정도에 불과하다. 이때 그 여러 문 가운데 하나는 가다머의 텍스트 자체로 들어가는 입구다. 이 책을 따라 『진리와 방법』의 몇몇 핵심 개념들을 맛본 독자라면 이제 해당 저서를 직접 읽으며 이천년 넘게 철학사를 통해 펼쳐져온 많은 개념들의 변화무쌍한 이야기를 따라 가보자. 그러다보면 책이 주장하는 줄기를 이해할 수 있을 것이다. 하지만 더 짧은 표현들을 접하고 싶어 하는 독자들도 있을 수 있으니, 여기서 일부 논문들의 가치를 지적해두고 싶다. 가다머는 어떤 면에서 "이해의 원환에 관하여(On the Circle of Understanding)" (1988)가 『진리와 방법』보다 자신의 해석학적 개요를 더 잘 표현했다고 생각했다. 『철학적 해석학(Philosophical Hermeneutics)』에 실린 첫 두 에세이인 "해석학적 문제의 보편성(The Universality of the Hermeneutical Problem)"과 "해석학적 반성의 범위와 기능(On the Scope and Function of Hermeneutical Reflection)" (1976)은 가다머 사상의 중요한 진술로 남아있는데, 특히 해석학의 사회적 시의성에 관심 있는 이들에게 가치가 있다. 『아름다운 것의 시의성(The Relevance of the Beautiful)』(1986c)에 실린 예술 관련 에세이들 역시 그 자체로 가치가 있다. 물론 이미 말했듯이 이런 글들은 『진리와 방법』의 주제들과 관련하여 읽을 때 풍부한 의미를 갖지만 말이다. (내가 인용한 『진리와 방법』은 작은 사이즈의 "컨티뉴엄 임팩츠" 판본보다 좀 더 크게 다시 나온 개정판임을 참고로 말해둔다. 두 판본의 페이지 표시가 조금 다르기 때문이다.)

가다머가 스스로의 철학적 경력을 기술한 자전적 소고, 즉 『가다머 독본(The Gadamer Reader)』(2007)의 첫 포문을 여는 소고나 『한스-게오르크 가다머의 철학』(Hahn 1997)에 실린 "나의 철학적 여정에 관한 소고(Reflections on My Philosophical Journey)"를 참조한다면 가다머 사유의 전 과정을 상대적으로 쉽게 추적해볼 수 있다. 또한 『한스-게오르크 가다머의 철학』에서는 리처드 파머(Richard Palmer)가 가다머의 기초 저작 전반을 목록화하고도 있다. 특히 가다머의 구체적인 일대기에 관심 있는 이들이라면, 가다머의 『철학 수련(Philosophical Apprenticeships)』(1985)과 진 그론딘(Jean Grondin)의 『한스-게오르크 가다머의 생애(Hans-Georg Gadamer: A Biography)』(2003a)가 좋은 읽을거리다.

이외에도 이차문헌을 더 찾아보려는 독자들이 있을지 모르는데, 좋은 이차문헌은 거명하기 힘들 만큼 너무나 많다. 가다머 사유의 간략한 해설서로는 그론딘(Grondin 2003b)과 론(Lawn 2006)의 저작을 참조하라. 에세이 모음집으로는 가다머의 주제와 흥미 전반을 다루는 도스탈(Dostal 2002)과 한(Hahn 1997)의 문집을 참조하라. 그 외에도 가다머가 해석학의 역사와 현대 철학 논쟁에서 차지하는 위치를 그려보는 데 보충적 역할을 해줄 그론딘(Grondin 1997)과 뮐러-폴머(Mueller-Vollmer 1998), 오미스턴과 슈리프트(Ormiston and Schrift 1990), 파머(Palmer 1969), 슈미트(Schmidt 2007)의 책들도 있다. 그리고 『진리와 방법』을 면밀하게 독해하는 리서(Risser 1997)와 웨인샤이머(Weinsheimer 1985)의 책들도 있다.

건축적 맥락에서 가다머를 적용한 예를 보고 싶은 이들에게는, 스노드그래스와 코인(Snodgrass and Coyne)의 『건축의 해석(Interpretation in Architecture)』(2006)이 가장 분명하고 총체적인 예를 제공한다. 이 책은 디자인 교육이라는 특수한 문제에 집중하면서도, 해체의 물음과 비서구 건축의 해석을 비롯하여 광범위한 해석적 이슈들을 다룬다. 베셀리의 『분할된 재현 시대의 건축(Architecture in the Age of Divided Representation)』(2004)은 비록 가다머에 대한 참조가 명시적이진 않지만 가다머적인 개념들을 오랜 기간 저자만의 교육에 도입해온 결과물이며, 이러한 교육은 이미 거론한 다른 수많은 저자들에게 영향을 준 바 있다. 가다머를 어떤 방식으로든 원용하는 이 모든 저자들에 대한 나의 설명이 해석학의 특정 주제들에 대해 독자의 관심을 이어가는 데 귀띔을 주었길 바란다.

참고문헌

Aristotle (1999) *Nicomachean Ethics*, trans. by T. Irwin, Indianapolis, IN: Hackett Publishing Co.

Arthos, J. (2009) *The Inner Word in Gadamer's Hermeneutics*, Notre Dame, IN: University of Notre Dame Press.

Augustine (1958) *On Christian Doctrine*, trans. by D. W. Robertson, Jr., New York: Macmillan Publishing Co.

Bacon, F. (1960) *The New Organon*, ed. by F. H. Anderson, New York: Macmillan Publishing Co.

Barrie, T. (2010) *The Sacred In-Between: The Mediating Roles of Architecture*, London/ New York: Routledge.

Bernstein, R. J. (2008) "The Conversation that Never Happened (Gadamer/ Derrida)," *The Review of Metaphysics*, 61.3, 577-603.

Brogan, W. (2008) "Figuring and Disfiguring Socrates: A Gadamerian Reflection on the Relationship of Text and Image in Plato' s Philosophy," *Philosophy Today*, 52: supplement, 144-50.

Casey, E. S. (1993) *Getting Back into Place: Toward a Renewed Understanding of the Place-World*, Bloomington, IN: Indiana University Press.

—(1997) *The Fate of Place: A Philosophical History*, Berkeley, CA: University of California Press.

Coyne, R. (2011) *Derrida for Architects*, London/New York: Routledge.

Davey, N. (2008) "Hermeneutical Application: A Dialogical Approach to the Art/Theory Question," *Internationales Jahrbuch für Hermeneutik*, 7: 93-107.

Derrida, J. (1982) "Différance," in *Margins of Philosophy*, Chicago, IL: University of Chicago Press, 3-27.

— (1989a) "Three Questions to Hans-Georg Gadamer," trans. by D. Michelfelder and R. Palmer, in *Dialogue and Deconstruction: The*

Gadamer-Derrida Encounter, ed. by D. P. Michelfelder and R. Palmer, Albany, NY: SUNY Press, 52-4.

— (1989b) "Interpreting Signatures (Nietzsche/Heidegger): Two Questions," trans. by D. Michelfelder and R. Palmer, in *Dialogue and Deconstruction: The Gadamer-Derrida Encounter*, ed. by D. P. Michelfelder and R. Palmer, Albany, NY: SUNY Press, 58-71.

Descartes, R. (1993) *Discourse on Method and Meditations on First Philosophy*, trans. by D. A. Cress. Indianapolis, IN: Hackett Publishing Co.

Dostal, R., ed. (2002) *The Cambridge Companion to Gadamer*, Cambridge: Cambridge University Press.

Figal, G. (2010) *Objectivity: The Hermeneutical and Philosophy*, trans. by T. D. George, Albany, NY: SUNY Press.

Forester, J. (1993) *Critical Theory, Public Policy, and Planning Practice*, Albany, NY: SUNY Press.

— (1999) *The Deliberative Practitioner: Encouraging Participatory Planning Process*, Cambridge, MA: MIT Press.

Fulford, R. (1992) "When Jane Jacobs Took on the World," *New York Times*, Feb. 16.

Gadamer, H.-G. (1985-95) *Gesammelte Werke*, 10 vols., Tubingen: J. C. B. Mohr.

— (1970) "Concerning Empty and Fulfilled Time," *Southern Journal of Philosophy*, 8:4, 341-53.

— (1972) "The Continuity of History and the Existential Moment," *Philosophy Today* 16:3-4, 230-40.

— (1976) *Philosophical Hermeneutics*, trans. by D. Linge, Berkeley, CA: University of California Press.

— (1980) *Dialogue and Dialectic: Eight Hermeneutical Studies of Plato*, trans. by P. C. Smith, New Haven/London: Yale University Press.

— (1984a) "Articulating Transcendence," in *The Beginning and the Beyond:*

Papers from the Gadamer and Voegelin Conferences, ed. by F. G. Lawrence, Chico, CA: Scholars Press, 1-12.

— (1984b) "The Hermeneutics of Suspicion," in *Hermeneutics: Questions and Prospects*, ed. by G. Shapiro and A. Sica, Amherst, MA: University of Massachusetts Press, 54-65.

— (1984c) *Reason in the Age of Science*, trans. by F. G. Lawrence, Cambridge, MA: MIT Press.

— (1985) *Philosophical Apprenticeships*, trans. by R. R. Sullivan, Cambridge, MA: MIT Press.

— (1986a) *Hermeneutik II: Wahrheit und Methode, Gesammelte Werke, Bd. 2*, Tübingen: J. C. B. Mohr.

— (1986b) *The Idea of the Good in Platonic-Aristotelian Philosophy*, trans. by P. C. Smith, New Haven/London: Yale University Press.

— (1986c) *The Relevance of the Beautiful and Other Essays*, trans. by N. Walker, ed. by R. Bernasconi, Cambridge: Cambridge University Press.

— (1986d) "Hans-Georg Gadamer: Storie Parallele," *Domus* 671: 17-24.

— (1988) "On the Circle of Understanding," in *Hermeneutics versus Science? Three German Views*, ed. by J.M. Connolly and T. Keutner, Notre Dame, IN: University of Notre Dame Press, 68-78.

— (1989) "Text and Interpretation," trans. by D. J. Schmidt and R. Palmer, in *Dialogue and Deconstruction: The Gadamer-Derrida Encounter*, ed. by D. P. Michelfelder and R. Palmer, Albany, NY: SUNY Press, 21-51.

— (1990a) "Reply to My Critics," in *The Hermeneutic Tradition: From Ast to Ricoeur*, ed. by G. L. Ormiston and A. D. Schrift, Albany, NY: SUNY Press, 273-97.

— (1990b) *Truth and Method*, Second Revised Edition, trans. revised by J. Weinsheimer and D. G. Marshall, London/New York: Continuum.

[Note: this is not the "Continuum Impacts" edition, which has slightly different pagination.]

— (1992) *Hans-Georg Gadamer on Education, Poetry, and History: Applied Hermeneutics*, trans. by L. Schmidt and M. Reuss, Albany, NY: SUNY Press.

— (1994) *Heidegger's Ways*, trans. by J. W. Stanley, Albany, NY: SUNY Press.

— (1997) "Reflections on My Philosophical Journey," in *The Philosophy of Hans-Georg Gadamer*, ed. by L. E. Hahn, Chicago/La Salle, IL: Open Court, 3-63.

— (1998a) *Praise of Theory*, trans. by C. Dawson, New Haven/London: Yale University Press.

— (1998b) *The Beginning of Philosophy*, trans. by R. Coltman, London/New York: Continuum.

— (2002) *The Beginning of Knowledge*, trans. by R. Coltman, London/New York: Continuum.

— (2004) *A Century of Philosophy: Hans-Georg Gadamer in Conversation with Riccardo Dottori*, trans. by R. Coltman and S. Koepke, London/New York: Continuum.

— (2006) "Architektur als 'Zuwachs an Sein': Hans-Georg Gadamer im Gespräch mit Catherine Hürzeler," in *Beyond Metropolis: Eine Auseinandersetzung mit der verstädterten Landschaft*, Zürich: Verlag Niggli.

— (2007) *The Gadamer Reader: A Bouquet of the Later Writings*, ed. by R. Palmer, Evanston, IL: Northwestern University Press.

Gadamer, H.-G., Dutt, C., and Palmer, R. E. (2001) *Gadamer in Conversation*, trans. by R. Palmer, New Haven/London: Yale University Press.

Goldberg, P. (2009) *Moshe Safdie (Millenium) Vol. I*, Victoria, Australia: Images Publishing Group, Mulgrave.

Grondin, J. (1997) *Introduction to Philosophical Hermeneutics*, trans. by J. Weinsheimer, New Haven/London: Yale University Press.

— (2003a) *Hans-Georg Gadamer: A Biography*, trans. by J. Weinsheimer, New Haven/London: Yale University Press.

— (2003b) *The Philosophy of Gadamer*, trans. by K. Plant, Montreal and Kingston: McGill-Queen's University Press.

Habermas, J. (1983) *Philosophical-Political Profiles*, trans. by F. G. Lawrence, Cambridge, MA: MIT Press.

— (1988) *On the Logic of the Social Sciences*, trans. by S. W. Nicholsen and J. A. Stark, Cambridge, MA: MIT Press.

— (1990a) "The Hermeneutic Claim to Universality," in *The Hermeneutic Tradition: From Ast to Ricoeur*, ed. by G. L. Ormiston and A. D. Schrift, Albany, NY: SUNY Press, 245-72.

— (1990b) *Moral Consciousness and Communicative Action*, trans. by C. Lenhardt and S. W. Nicholson, Cambridge, MA: MIT Press.

— (1990c) "A Review of Gadamer' s *Truth and Method*," in *The Hermeneutic Tradition: From Ast to Ricoeur*, ed. by G. L. Ormiston and A. D. Schrift, Albany, NY: SUNY Press, 213?44.

Hahn, L., ed. (1997) *The Philosophy of Hans-Georg Gadamer*, Chicago: Open Court.

Harries, K. (1997) *The Ethical Function of Architecture*, Cambridge, MA: MIT Press.

Heidegger, M. (1971) *Poetry, Language, Thought*, trans. by A. Hofstadter, New York: Harper & Row.

— (1993a) "On the Essence of Truth" in *Basic Writings*, 2nd ed., ed. by D. F. Krell, New York: Harper & Row, 111-38.

— (1993b) "Letter on Humanism" in *Basic Writings*, 2nd ed., ed. by D. F. Krell, New York: Harper & Row, 213-65.

— (1993c) "The End of Philosophy and the Task of Thinking," in *Basic*

Writings, 2nd ed., ed. by D. F. Krell, New York: Harper & Row, 427-49.

— (1999) *Contributions to Philosophy (From Enowning)*, trans. by P. Emad and K. Maly, Bloomington, IN: Indiana University Press.

— (2000) *Introduction to Metaphysics*, trans. by G. Fried and R. Polt, New Haven/London: Yale University Press.

— (2010) *Being and Time*, trans. by J. Stambaugh, rev. by D. Schmidt, Albany, NY: SUNY Press.

Herzog, J. (2001) "Thinking of Gadamer' s Floor," in C. C. Davidson, ed., *Anything*, Cambridge, MA: MIT Press.

Holl, S. (1999) *The Chapel of St. Ignatius*, Princeton, NJ: Princeton Architectural Press.

— (2009) *Urbanisms: Working with Doubt*, Princeton, NJ: Princeton Architectural Press.

Holl, S., Pallasmaa, J., and Pérez-Gómez, A. (2006) *Questions of Perception: Phenomenology of Architecture*, San Francisco: William Stout Publishers.

Hollinger, R., ed. (1985) *Hermeneutics and Praxis*, Notre Dame, IN: University of Notre Dame Press.

How, A. (1995) *The Habermas-Gadamer Debate and the Nature of the Social: Back to Bedrock*, Aldershot: Avebury.

Hubbard, B., Jr. (1995) *A Theory for Practice: Architecture in Three Discourses*, Cambridge, MA: MIT Press.

Huizinga, J. (1950) *Homo Ludens: A Study of the Play-Element in Culture*, Boston: Beacon Press.

Innes, J. E. (1996) "Planning Through Consensus Building: A New View of the Comprehensive Planning Ideal," *Journal of the American Planning Association*, 62:4, 460-72.

Jacobs, J. (1993) *The Death and Life of Great American Cities*, New York: Modern Library.

Jones, L. (2000) *The Hermeneutics of Sacred Architecture: Experience, Interpretation, Comparison*, Cambridge, MA: Harvard University Press.

Kandinsky, W. (1994) *Complete Writings on Art*, ed. by K. C. Lindsay and P. Vergo, New York: Da Capo Press.

Kant, I. (1952) *The Critique of Judgement*, trans. by J. C. Meredith, Oxford: Oxford University Press.

Kidder, P. W. (1995) "Gadamer and the Platonic Eidos," *Philosophy Today* 39:1, 83-92.

Kierkegaard, S. (1992) *Concluding Unscientific Postscript to Philosophical Fragments*, Vol. I, trans. and ed. by H. V. Hong and E. H. Hong, Princeton, NJ: Princeton University Press.

Kolb, D. (1990) *Postmodern Sophistications: Philosophy, Architecture, and Tradition*, Chicago/London: The University of Chicago Press.

Lammi, W. (2008) *Gadamer and the Question of the Divine*, London/New York: Continuum.

Lawn, C. (2006) *Gadamer: A Guide for the Perplexed*, London/New York: Continuum.

Lawrence, F. G. (1984) "Language as Horizon?" in *The Beginning and the Beyond: Papers from the Gadamer and Voegelin Conferences*," ed. by F. G. Lawrence, Chico, CA: Scholars Press, 13-33.

— (1990) "Baur's 'Conversation with Hans-Georg Gadamer' and 'Contribution to the Gadamer-Lonergan Discussion' : A Reaction," *Method: Journal of Lonergan Studies* 8:2, 135-51.

— (2000) "Ontology of and as Horizon: Gadamer's Rehabilitation of the Metaphysics of Light," *Revista Portuguesa de Filosofia*, 56:3/4, 389-420.

— (2002) "The Hermeneutic Revolution and the Future of Theology," in A. Wiercinski, ed., *Between the Human and the Divine: Philosophical and Theological Hermeneutics*, Toronto: The Hermeneutic Press.

— (2009) "Lonergan's Retrieval of Thomas Aquinas's Conception of *Imago Dei*: The Trinitarian Analogy of Intelligible Emanations in God," *American Catholic Philosophical Quarterly* 83:3, 363-88.

Le Corbusier (1967) *The Radiant City: Elements of a Doctrine of Urbanism to Be Used as the Basis of Our Machine-Age Civilization*, New York: Orion Press.

— (1986) *Towards a New Architecture*, trans. by F. Etchells, New York: Dover Publications.

Leatherbarrow, D. (1993) *The Roots of Architectural Invention: Site, Enclosure, Materials*, Cambridge: Cambridge University Press.

— (2000) *Uncommon Ground: Architecture, Technology, and Topography*, Cambridge, MA: MIT Press.

Macquarrie, J. (1955) *An Existentialist Theology: A Comparison of Heidegger and Bultmann*, New York: Macmillan.

Madison, G. B. (1989) "Gadamer/Derrida: The Hermeneutics of Irony and Power," in *Dialogue and Deconstruction: The Gadamer-Derrida Encounter*, ed. by D. P. Michelfelder and R. Palmer, Albany, NY: SUNY Press, 192-8.

Malpas, J., Arnswald, U., Kertscher, J., eds., (2002) *Gadamer's Century: Essays in Honor of Hans-Georg Gadamer*, Cambridge, MA: MIT Press.

Margerum, R. D. (2002) "Collaborative Planning: Building Consensus and Building a Distinct Model for Practice," *Journal of Planning Education and Research* 21:3, 237-53.

McCarthy, T. (1978) *The Critical Theory of Jurgen Habermas*, Cambridge, MA: MIT Press.

Michelfelder, D. P. and Palmer, R. E., eds. (1989) *Dialogue and Deconstruction: The Gadamer-Derrida Encounter*, Albany, NY: SUNY Press.

Mueller-Vollmer, Kurt, ed. (1998) *The Hermeneutics Reader: Texts of the*

German Tradition from the Enlightenment to the Present, London/New York: Continuum.

Mugerauer, R. (1994) *Interpretations on Behalf of Place: Environmental Displacements and Alternative Responses*, Albany, NY: SUNY Press.

— (1995) *Interpreting Environments: Tradition, Deconstruction, Hermeneutics*, Austin: University of Texas Press.

— (2008) *Heidegger and Homecoming: The Leitmotif in the Later Writings*, Toronto: University of Toronto Press.

Nietzsche, F. (2006) *The Nietzsche Reader*, ed. by K. A. Pearson and D. Large, Oxford/Malden, MA: Blackwell Publishing.

Norberg-Schulz, C. (1975) *Meaning in Western Architecture*, New York: Praeger.

— (1979) *Genius Loci: Towards a Phenomenology of Architecture*, New York: Rizzoli.

— (1985) *The Concept of Dwelling: On the Way to Figurative Architecture*, New York: Electra/Rizzoli.

— (2000) *Principles of Modern Architecture*, London: Andreas Papadakis Publisher.

Ormiston, G. L. and Schrift, A. D. (1990) *The Hermeneutic Tradition: From Ast to Ricoeur*, Albany, NY: SUNY Press.

Pallasmaa, J. (2009) *The Thinking Hand: Existential and Embodied Wisdom in Architecture*, Chichester: Wiley.

Palmer, R. (1969) *Hermeneutics: Interpretation Theory in Schleiermacher, Dilthey, Heidegger, and Gadamer*, Evanston, IL: Northwestern University Press.

Pérez-Gómez, A. (1983) *Architecture and the Crisis of Modern Science*, Cambridge, MA: MIT Press.

— (2008) *Built upon Love: Architectural Longing after Ethics and Aesthetics*, Cambridge, MA: MIT Press.

Pérez-Gómez, A. and Pelletier, L. (1997) *Architectural Representation and the*

Perspective Hinge, Cambridge, MA: MIT Press.

Plato (1997) *Complete Works*, ed. by J. M. Cooper, Indianapolis, IN: Hackett Publishing Co.

Rambow, R. and Seifert, J. (2006) "Paint Damage and Whiskering: How Use is Entering into Architectural Discourse," *GAM: Graz Architektur Magazin 3*: 10-29.

Richardson, W. J. (1974) *Heidegger: Through Phenomenology to Thought*, 3rd ed., The Hague: Martinus Nijhoff.

Ricoeur, P. (1981) *Hermeneutics and the Human Sciences*, ed. and trans. by J. B. Thompson, Cambridge: Cambridge University Press.

Rilke, R. M. (1982) "Archaic Torso of Apollo," *The Selected Poetry of Rainer Maria Rilke*, trans. by S. Mitchell, New York: Random House.

Risser, J. (1997) *Hermeneutics and the Voice of the Other: Re-Reading Gadamer's Philosophical Hermeneutics*, Albany, NY: SUNY Press.

— (2000) "From Concept to Word: The Radicality of Philosophical Hermeneutics," *Continental Philosophy Review* 33:3, 309-25.

— (2002) "*Phronesis* as Kairological Event," *Epoché* 7:1, 107-19.

— (2007) "Saying and Hearing the Word: Language and the Experience of Meaning in Gadamer' s Hermeneutics," *Journal of Ultimate Reality and Meaning*, 30:2, 146-55.

Rykwert, J. (1996) *The Dancing Column: On Order in Architecture*, Cambridge, MA: MIT Press.

Schleiermacher, F. (1998) *Hermeneutics and Criticism, and Other Writings*, ed. by A. Bowie, Cambridge: Cambridge University Press.

Schmidt, D. J. (1994) "Introduction" to H.-G. Gadamer, *Heidegger's Ways*, Albany, NY: SUNY Press.

— (2008) "Heidegger, Gadamer, Klee: On Word and Image," *Internationales Jahrbuch für Hermeneutik*, 7: 191-209.

Schmidt, L. K. (2007) *Understanding Hermeneutics*, Stocksfield: Acumen

Publishing Ltd.

Schön, D. (1983) *The Reflective Practitioner*, New York: Basic Books.

Shapiro, G. and Sica, A., eds., (1984) *Hermeneutics: Questions and Prospects*, Amherst, MA: University of Massachusetts Press, 54-65.

Sharr, A. (2006) *Heidegger's Hut*, Cambridge, MA: MIT Press.

— (2007) *Heidegger for Architects*, London/New York: Routledge.

Sheehan, T. (1987) *Karl Rahner: The Philosophical Foundations*, Athens, OH: Ohio University Press.

— (2001) "Geschichtlichkeit/Ereignis/Kehre," *Existentia* (Meletai Sophias) 11:3-4, 241-51.

Silverman, H. J., ed. (1991) *Gadamer and Hermeneutics*, London/New York: Routledge.

Simon, J. (1989) "Good Will to Understand and Will to Power: Remarks on an 'Improbable Debate' ," in *Dialogue and Deconstruction: The Gadamer-Derrida Encounter*, ed. by D. P. Michelfelder and R. Palmer, Albany, NY: SUNY Press, 162-75.

Sirowy, B. (2010) *Phenomenological Concepts in Architecture: Towards a User-Oriented Practice*, doctoral thesis, Oslo: Oslo School of Architecture and Design.

Snodgrass, A. and Coyne, R. (2006) *Interpretation in Architecture: Design as a Way of Thinking*, London/New York, Routledge.

Tate, D. (2001) "The Speechless Image: Gadamer and the Claim of Modern Painting," *Philosophy Today* 45:1, 56-68.

— (2002) "The Remembrance of Art," in A. Wiercinski, ed., *Between the Human and the Divine: Philosophical and Theological Hermeneutics*, Toronto: The Hermeneutic Press.

(2008) "Transforming *Mimesis*: Gadamer's Retrieval of Aristotle's *Poetics*," *Epoché* 13:1, 185-208.

Till, J. (2009) *Architecture Depends*, Cambridge, MA: MIT Press.

Vesely, D. (2004) *Architecture in the Age of Divided Representation: The Question of Creativity in the Shadow of Production*, Cambridge, MA: MIT Press.

Vilhauer, M. (2010) *Gadamer' s Ethics of Play: Hermeneutics and the Other*, Plymouth: Lexington Books.

Wachterhauser, B. R., ed. (1986) *Hermeneutics and Modern Philosophy*, Albany, NY: SUNY Press.

Warnke, G. (1987) *Gadamer: Hermeneutics, Tradition, and Reason*, Stanford, CA: Stanford University Press.

— (2011) "The Hermeneutic Circle versus Dialogue," *The Review of Metaphysics*, 65:2, 91-112.

Weinsheimer, J. C. (1985) *Gadamer' s Hermeneutics: A Reading of* Truth and Method, New Haven/London: Yale University Press.

Wiercinski, A., ed. (2002a) *Between the Human and the Divine: Philosophical and Theological Hermeneutics*, Toronto: The Hermeneutic Press.

— (2002b) "The Hermeneutic Retrieval of a Theological Insight: *Verbum Interius*," in A. Wiercinski, ed., *Between the Human and the Divine: Philosophical and Theological Hermeneutics*, Toronto: The Hermeneutic Press.

Wigley, M. (1995) *The Architecture of Deconstruction: Derrida' s Haunt*, Cambridge, MA: MIT Press.

찾아보기